わかる！使える！

マシニングセンタ入門

澤 武一 [著]
Sawa Takekazu

日刊工業新聞社

【 はじめに 】

マシニングセンタなどの工作機械もインターネットに接続される時代になり、加工状態を監視し、不具合が生じたら自動で正常状態に調整する機能も備わりつつあります。工作機械が完全に自動化されると一元管理ができ生産効率が向上する一方で、加工現象がブラックボックス化する（見えなくなる、見なくなる）ことになり、結果的に加工技術が衰退する一因になるかもしれません。

また、新しい加工技術は生産現場の創意工夫が起源であり、自動化が加工技術の革新速度を遅らせる可能性も否定はできません。工作機械が高機能、高性能になったとしても、工作物を削るのは刃物であることは不変です。加工点における現象を見える化し、作業者がその良し悪しを認識でき、作業者が成長できる「見える自動化（ナビゲーションシステム）」の構築が必要だと考えます。IoT（Internet of Things）が「見えない自動化ではなく、見える自動化」に進むことを期待します。

さて、マシニングセンタは切削工具の自動交換機能を装備し、NC（数値制御）で操作できるため、自動で多様な形状をつくることができる万能で汎用性が高い工作機械です。このため、生産現場での使用率が高く、学ぶ方も増え、マシニングセンタに関する書籍は多数出版されています。しかし、既刊の書籍はいずれも基本構造や制御の仕組み、NCプログラムの説明に偏るものが多く、実際の作業の流れに即した実践的内容を解説するものは皆無でした。

そこで本書は「実工学」をコンセプトに、マシニングセンタの①各種装備、②段取り、③加工時の基礎的ポイントの3つに着眼し、実作業を行ううえで知っておきたい知識を体系的にまとめました。①では構造に基づく運動特性の違いや各種装備の種類と特徴など、②では潤滑油、切削油、加工工程分解、荒加工、中仕上げ加工、仕上げ加工の必要性、工作物や切削工具の取付け方など、③では図面の見方、表面粗さ、切削条件、ドリル、正面フライス、エンドミル、タップ加工のポイントなどについてやさしく解説しています。

本書は「入門」というタイトルの通り、これからマシニングセンタを使う方、マシニングセンタ作業の初心者、初級者の方に読んでいただければ、理論に基づいた作業、理論を活かした作業、失敗の少ない作業を行えるようになっていただけると思います。また、マシニングセンタを教える方や熟練の方にも効果的な指導や日々の作業を理論的に見つめ直すことを目的に読んでいただけると幸いです。

　マシニングセンタ（工作機械）は1つひとつの作業が加工精度に影響します。原理原則（理論）に基づく正確で、ていねいな作業が加工精度を向上させる近道です。加工精度は作業者の自信の表れといっても過言ではないでしょう。本書が読者の皆さんが理論に基づき活躍できる実践技術者（テクノロジスト）になられる一助になれば幸甚です。

　最後になりましたが、本書を執筆する機会を与えていただきました日刊工業新聞社の奥村功さま、執筆、編集、校正に際し、ご懇篤なご指導をたまわりましたエム編集事務所の飯嶋光雄さまにお礼申し上げます。

　2017年12月　　　　　　　　　　　　　　　　　　　澤　武一

わかる！使える！マシニングセンタ入門

目 次

【第1章】
これだけは知っておきたい
構造・仕組み・装備

1 マシニングセンタの種類と特徴

- 構造は4種類に大別される・**8**
- 立て形マシニングセンタ・**10**
- 横形マシニングセンタ・**12**
- 門形マシニングセンタ・**14**
- 直線運動軸と座標系（右手の法則①）・**16**
- 回転運動軸と座標系（右手の法則②）5軸マシニングセンタ・**18**

2 マシニングセンタの装備と仕組み

- 制御装置（NC制御装置）・**20**
- 主軸の種類（ACサーボモータ、ビルトインモータ、エアスピンドル）・**22**
- 主軸の性能（トルクと動力の関係）・**24**
- 直線運動の駆動方式の種類（ACサーボモータ&ボールねじとリニアモータ）・**26**
- 直線運動の案内の仕組み（リニアガイドとすべり案内）・**28**
- 直線運動の位置決め精度（ロストモーション、ピッチング、ヨーイング、ローリング）と制御方法・**30**
- ワインドアップ、バックラッシュ、ロストモーション・**32**
- 象限突起（スティックモーション）とスティックスリップ・**34**
- 空間の運動精度を向上させるきさげ加工・**36**
- 運動軸の制御方法・**38**
- 移動速度と加速度、加加速度（生産性の評価）・**40**
- ATC（自動工具交換機能）・**42**
- 工具マガジンの構造と制御方法・**44**
- 回転テーブル（ロータリ、ダイレクトドライブモータ、インデックス）・**46**
- APC（自動パレット交換装置）・**48**

3

- チップコンベア・**50**
- オイルクーラとチラー（冷却用油の温度管理と切削油剤の温度管理）・**52**
- 地耐力（何事も基礎が大切）・**54**

3 ツーリング

- ツールホルダのシャンクの種類①　BTとBBT・**56**
- ツールホルダのシャンクの種類②　HSK・**58**
- ツールホルダのシャンクの種類③　CAPTO・**60**
- ツールホルダの種類・**62**

【第2章】
これだけは知っておきたい
段取りの基礎知識

1 段取りと安全の大切さ

- 内段取りと外段取りの違い・**66**
- 5S（整理・整頓・清掃・清潔・躾）と段取り効率の関係・**68**
- 安全第一（セーフティ・ファースト）と生産性の関係・**70**
- ハインリッヒの法則（ヒヤリ・ハット）・**72**

2 稼働前の確認事項

- コンプレッサの確認とドレン抜き・**74**
- エア配管の確認
  （エアドライヤー、エアフィルタ、レギュレータ、ルブリケータ）・**76**
- 運転前の暖機運転（熱膨張を安定させる）・**78**

3 油の種類を知ろう

- 潤滑油の確認・**80**
- 潤滑油の種類・**82**
- 切削油剤の役割と求められる性能・**84**
- 切削油剤の種類①　不水溶性切削油剤・**86**
- 切削油剤の種類②　水溶性切削油剤・**88**
- 水溶性切削油剤の管理（切削油剤は生きている）・**90**

4　工作物の取付け

- マシンバイスによる工作物の取付方法と加工精度の追求・**92**
- 押さえ金による工作物の取付けと注意点・**94**

5　ワーク座標系の設定

- 機械原点とワーク原点・**96**
- インクリメンタル指令とアブソリュート指令・**98**

6　切削工具の準備

- ツールセッティング①　工具長補正の設定・**100**
- ツールセッティング②　工具径補正の設定・**102**
- 切削油剤の供給方法（内部給油と外部給油）・**104**

7　切削工具の特性

- ドリルの基本特性を知る・**106**
- 正面フライスの基本特性を知る・**108**
- エンドミルの基本特性を知る・**110**

【第**3**章】
これだけは知っておきたい
実作業と加工時のポイント

1　図面の見方

- 寸法公差と仕上げ寸法のねらい値・**114**
- 幾何公差と加工のポイント・**116**
- 基準面と寸法公差の累積・**118**
- 表面粗さの種類（Ra、Rz、三角記号）・**120**

2　切削条件とその求め方

- 回転数を設定する（切削速度を決める）・**122**
- 送り速度を設定する（1刃あたりの送り量を決める）・**124**
- 切込み深さを設定する（主軸の動力を確認する）・**126**

3 切削条件と加工工程のポイント

- 1刃あたりの送り量と表面粗さの関係・**128**
- 表面粗さから送り速度を求める方法と注意点（エンドミル加工）・**130**
- 加工精度を安定させる加工工程（工程分解の考え方）・**132**
- 正しい仕上げ代（荒加工から仕上げ加工への引継ぎが大切）・**134**

4 正面フライス加工のポイント

- エンゲージ角とディスエンゲージ角・**136**
- 複数ツールパスと繋ぎ目・**138**

5 エンドミル加工のポイント

- 上向き削りと下向き削り・**140**
- たわみとびびりの抑制・**142**

6 ドリル加工のポイント

- 入口バリと出口バリ・**144**
- 下穴角度と加工精度・**146**

7 タップ加工のポイント

- タップ加工の特異性と使い分ける切削タップの種類・**148**
- 盛上げタップと下穴の管理・**150**
- 同期サイクルと同期誤差・**152**

8 合金元素の含有割合

- ミルシートの見方・**154**

9 価値を生む切りくずの処理方法

- 切りくずを「クズ」ではなく、価値のある資産にする方法・**156**

10 加工時間の見積り

- 加工時間の見積り①　エンドミル、ドリル、タップ・**158**
- 加工時間の見積り②　正面フライス・**160**

参考文献・**163**
索引・**164**

【 第 **1** 章 】

これだけは知っておきたい
構造・仕組み・装備

【1】 マシニングセンタの種類と特徴

構造は4種類に大別される

　マシニングセンタは主軸の向きや構造、駆動軸の数によって、①立て形、②横形、③門形、④5軸の4つの種類に大別されます（図1-1〜1-4）。

①立て形マシニングセンタ：主軸が垂直方向（地面に対して縦向き）に取り付けられており、主としてテーブルに取り付けた工作物の上面を削ります。このため、操作感覚がボール盤や汎用の立てフライス盤と似ています。立て形マシニングセンタは、①テーブルに取り付けた工作物の上面を削るため、切削工具の位置と図面との相対的関係が一致しやすいこと、②主軸が上下に動くため、切削工具の刃先と工作物の接近距離を把握しやすいこと、③他の3種類のマシニングセンタにくらべて本体が小型で、設置スペースが小さいことなどが特徴です。日本工業規格（JIS）では、漢字表記は「縦」ではなく「立」、「型」ではなく「形」で、「立て」には送り仮名の「て」が入るので覚えておいてください。

②横形マシニングセンタ：主軸が水平方向（地面に対して横向き）に取り付けられており、主としてテーブルに取り付けた工作物の側面を削ります。横形マシニングセンタは主軸が水平方向であるため、①背の高い立体的な工作物の加工に適していますが、平面上に広い工作物の加工には向いていないこと、②主軸が水平に取り付いているため、切りくずが重力により落下するため、切りくずが切削点に溜まりにくいことから自動化がしやすく、切りくずによって仕上げ面が傷つきにくいこと、③パレットを装備することにより長時間の無人運転や大量生産に適していることなどが特徴です。

③門形マシニングセンタ：主軸が垂直方向（地面に対して縦向き）に取り付けられている点は立て形マシニングセンタと同じですが、主軸頭を支える構造が門形になっています。門形マシニングセンタはテーブルが門を通り抜ける方向に動き、この方向は制限なく長くすることができます。このため、航空機や船舶などの大型の部品を加工するときに使用され、一般的な生産現場や教育現場ではあまり見ることはできません。

④5軸マシニングセンタ：主軸が垂直方向（地面に対して縦向き）に取り付けられている点は立て形マシニングセンタと同じですが、主軸またはテーブルが回転軸（旋回軸）をもち、複雑な形状の部品を削ることができます。5軸マシ

第1章 これだけは知っておきたい構造・仕組み・装備

ニングセンタは主軸頭またはテーブルを傾けることにより、工作物を取り付け直すことなく、サッカーボールの模様のような多面体の加工や面に対して斜め方向からの穴あけ加工を行うことができます。

| 図 1-1 | 立て形マシニングセンタ |

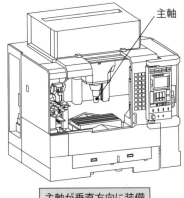

主軸が垂直方向に装備

| 図 1-2 | 横形マシニングセンタ |

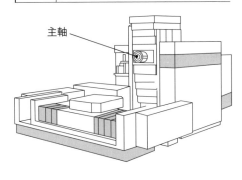

主軸が水平方向に装備

| 図 1-3 | 門形マシニングセンタ |

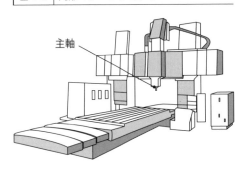

主軸を支える構造が門形

| 図 1-4 | 5軸マシニングセンタ |

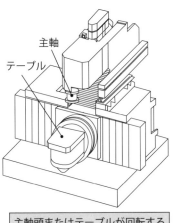

主軸頭またはテーブルが回転する

要点 ノート

マシニングセンタはフライス盤にNC装置と自動工具交換装置を取り付けて、除去加工を自動化できる多機能工作機械です。フライス加工と旋盤加工、除去加工と付加加工（金属造形）の両方が行える複合加工機もあります。

【1】 マシニングセンタの種類と特徴

立て形マシニングセンタ

❶構造

通常マシニングセンタはカバーで覆われているため内部の構造（骨組み）を見ることができません。近年のマシニングセンタはカバーがカッコ良くなり、操作盤もタッチパネルになっているので次世代の工作機械というイメージをもつ人も多いと思いますが、カバーを外すと基本的には汎用フライス盤の構造と大差はありません。マシニングセンタのカバーを「スプラッシュガード」といいます。立て形マシニングセンタの構造は主としてX軸の駆動の仕組みによって2種類に大別でき、①テーブルが動く場合と、②主軸頭が動く場合があります。

①テーブルが動く場合（図1-5）：もっとも下部に位置し土台となるのが「①ベッド」です。ベッドは工作機械全体（本体）を支える土台です。そして、ベッド上の案内面に沿ってY軸方向に動く台が「②サドル」です。さらに、サドルの案内面に沿ってX軸方向に動く台が「③テーブル」です。

次に、ベッドの上に載り、縦方向に伸びる部品が「④コラム」で、コラムの案内面に沿ってZ軸方向に動くのが「⑤主軸頭」です。コラムは支柱の役割をし、主軸頭は主軸を内蔵する部分を示します。

②主軸頭が動く場合（図1-6）：もっとも下部に位置し土台となるのが「①ベッド」です。そして、ベッド上の案内面に沿ってY軸方向に動く台が「③テーブル」です。ベッドの上に載り、縦方向に伸びる部品が「④コラム」で、コラムの案内面に沿ってX軸方向に動く台が「②サドル」です。サドルの案内面に沿ってZ軸方向に動くのが「⑤主軸頭」です。

このように、マシニングセンタの構造は①～⑤の5つの部位に分けられ、組み立てられていることがわかります。テーブル駆動と主軸頭駆動ではサドルの位置が異なることがわかります。サドルは案内面上にまたがり移動する台を示し、①ではベッドにまたがり、②ではコラムにまたがっています。

❷利点と欠点

①はテーブルが前後左右に動き、主軸頭は上下にしか動かないため、主軸頭の締結剛性が高く重切削（低速送り・高切込み）に向いています。②は主軸頭を軽くすることにより左右前後の送り速度を速くできるため、高速送りに向い

ています。ただし、主軸頭の締結剛性が低いため、切込み深さは小さくする必要があります（高速送り・低切込み）。

| 図 1-5 | 立て形マシニングセンタの代表的な構造（テーブル駆動形） |

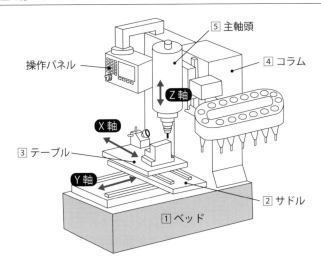

| 図 1-6 | 立て形マシニングセンタの代表的な構造（主軸頭駆動形） |

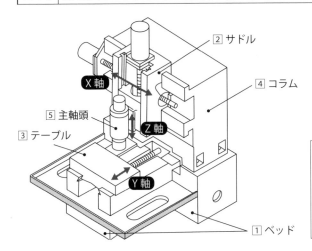

※立て形マシニングセンタの構造は本書に示す以外のものもあり、メーカによって異なる。しかし、各部の名称は変わらないので構造と働きが一致するように覚えておく。

要点 ノート

サドルの語源…乗馬の際、馬の背をまたぐように載せる馬具を「鞍（くら）」といい、鞍を英訳するとサドルです。また、自転車の両足でまたぎ、尻を乗せる部分を「サドル」といいます。サドルはまたがって乗るものに使われる総称です。

〔1 マシニングセンタの種類と特徴

横形マシニングセンタ

❶構造

図1-7に、横形マシニングセンタの代表的な構造を示します。もっとも下部に位置するのが「①ベッド」です。ベッドの案内面にまたがるように載っているのが「②サドル」です。工作機械は主軸に対向する方向がZ軸になるので、この図の構造ではベッドの案内面に沿ってサドルがZ軸方向に動きます。サドルの上に載っているのが「③テーブル」です。横形マシニングセンタでは回転テーブルが標準仕様になっているものがほとんどで、その回転はY軸が基軸になる（Y軸を中心にして回転する）のでB軸になります。

ベッドの案内面にまたがるように載っているのが「④コラム」です。コラムは支柱の働きをします。この構造ではベッドの案内面に沿ってコラムがX軸方向に動きます。コラムの案内面に沿って動くのが「⑤主軸頭」です。この構造では主軸頭がY軸方向に動きます。

❷利点と欠点

横形マシニングセンタは回転テーブルが標準装備になっているものが多く、回転テーブルを備えることにより、①工作物を持ち変えることなく5面（テーブルに接触している底面以外の面）の加工ができ加工効率が高いこと、②テーブルにイケール（治具）を取り付けることにより、1回の段取りで多数の工作物を加工することができるなどの利点があります。一方、横形マシニングセンタは主軸が水平を向いているため、切削工具の刃先が作業者の目線に対して横を向く（切削工具の底面が作業者を向く）ため、③切削工具と工作物の距離関係が把握しにくい、④段取りが難しい、⑤加工ミスが生じやすいなど、初心者には操作が少し難しいマシニングセンタです。

図1-8に、代表的な横軸マシニングセンタの構造の種類をいくつか示します。横軸マシニングセンタの構造は数種類あり、メーカによって異なります。

X-Zの平面運動が（a）サドル形と（c）主軸頭前後移動形で、どのような利点と欠点があるのでしょうか。コラムがX軸方向に動くことで主軸が自動工具交換（ATC）位置へ、テーブルがZ軸方向に動くことでパレットが自動パレット交換（APC）位置へ素早く移動することができます。

12

第1章 これだけは知っておきたい構造・仕組み・装備

図 1-7 横形マシニングセンタの代表的な構造と各部の名称

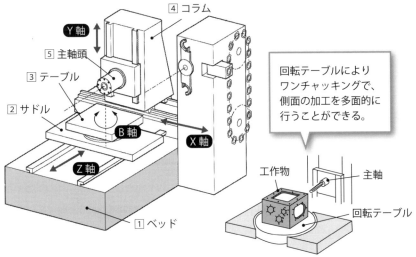

回転テーブルによりワンチャッキングで、側面の加工を多面的に行うことができる。

図 1-8 横形マシニングセンタの代表的な構造例

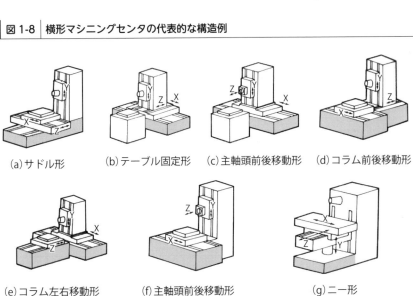

(a) サドル形　(b) テーブル固定形　(c) 主軸頭前後移動形　(d) コラム前後移動形

(e) コラム左右移動形　(f) 主軸頭前後移動形　(g) ニー形

要点 ノート

マシニングセンタの加工特性は構造によって変わるため、構造と仕組みを理解し、構造に適した使い方（構造に逆らわない使い方）をしないと精度の高い加工を行うことはできません。立て形マシニングセンタも同じです。

13

❮1 マシニングセンタの種類と特徴

門形マシニングセンタ

　図1-9に、門形マシニングセンタの代表的な構造を示します。もっとも下部にあるのが「１ベッド」です。ベッドの案内面にまたがるように載っているのが「２テーブル」です。この構造ではテーブルがX軸方向（機械正面に対して前後）に動きます。

　ベッドを挟むように縦に伸びているのが「３コラム」です。そして、コラムを繋ぐように水平に伸びているのが「４クロスレール」です。クロスレールは立て形や横形マシニングセンタのサドルと同じような働きをします。そして、クロスレールの案内面を動くのが「５主軸頭」で、主軸頭を貫通して主軸方向（Z軸方向）に移動する角形で棒状の送り台が「６ラム」です。ラムは主軸頭内部を通り、主軸方向（Z軸方向）に移動する角形で棒状の送り台で、Z軸の働きをし、切込みの指令を与えるとラムが上下に動きます。

❶Z軸とW軸

　門形マシニングセンタは、クロスレールがコラムに沿ってZ軸方向に移動できるものと移動できないもの（コラムに固定されているもの）があり、クロスレールがコラム上を移動できるものは工作物の大きさによって主軸頭の位置を変えることができることが利点です。クロスレールの運動軸を「W軸」といいます。W軸で切込みを与えることもできますが通常は行いません。

❷ガントリー形

　また、門形マシニングセンタはコラムがベッドに沿ってX軸方向に移動できるものと、移動できないものがあり、移動できるものを「ガントリー形」といいます。門形の骨組みで、門が前後に動く仕組みを「ガントリー」といい、湾岸で見掛けるクレーンを「ガントリークレーン」といいます。

　門形マシニングセンタの中には主軸の角度を可変できる構造を装備しているものがあります。この仕様の門形マシニングセンタでは主軸の角度を変えることにより、ワンチャックで（工作物を付け替えることなしに）テーブルに載せた工作物の側面を加工することができます。つまり、工作物の上面1面と側面4面、合計5面が加工できるということで、門形マシニングセンタと呼ばず、「5面加工機」と呼ばれることもあります（**図1-10**）。

14

第1章 これだけは知っておきたい構造・仕組み・装備

図1-9 門形マシニングセンタの代表的な構造

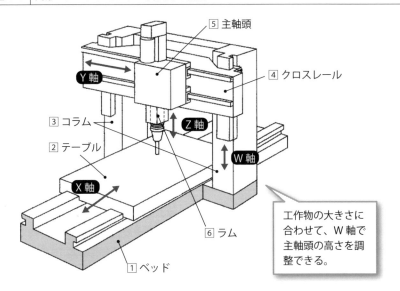

図1-10 角度を可変できる主軸構造（5面加工機）

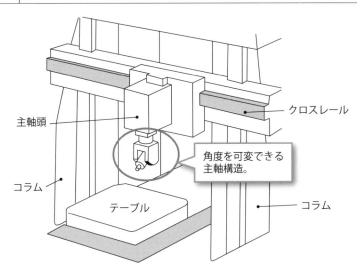

要点 ノート

門形マシニングセンタには切込み方向に動く軸が2個あり、主軸頭の駆動軸をZ軸、クロスレールの駆動軸をW軸といいます。W軸は工作物の高さに合わせて主軸の高さを変えることができます。

15

1 マシニングセンタの種類と特徴

直線軸と座標系（右手の法則①）

　マシニングセンタは座標値によって切削工具（主軸）やテーブルを動かします。したがって、マシニングセンタを動かす場合には座標値の基準となる座標系について知っておかなければいけません。

❶マシニングセンタの直線運動

　マシニングセンタの直線運動はX軸、Y軸、Z軸の3軸で構成されます。立て形マシニングセンタおよび5軸マシニングセンタでは本体を正面から見た場合、左右がX軸、前後がY軸、上下がZ軸になります（**図1-11**）。

　横形マシニングセンタでは主軸に対向して本体を見た場合、左右がX軸、前後がZ軸、上下がY軸になります。

　門形マシニングセンタでは本体を正面から見た場合、前後がX軸、左右がY軸、上下がZ軸になります（**図1-12**）。

　工作機械は例外なく、主軸を通る軸がZ軸になります。余談ですが、旋盤も主軸を通る軸（主軸と心押し台を結ぶ軸）がZ軸になります。

　各軸にはプラス方向、マイナス方向があり、この向きは「右手の法則①」に従います。図のように右手をつくり、主軸頭の上で、親指をX軸、人指し指をY軸、中指をZ軸に沿わせます。そして、指が向く方向がプラス方向、その逆方向がマイナス方向になります。工作機械は主軸頭の動きを基準にプラス方向、マイナス方向を考えます。

❷座標系の方向

　ここで注意です（落とし穴です！）。マシニングセンタの中には主軸頭が固定され、3軸ともテーブルが動くものや、Z軸（1軸）だけ主軸頭が動き、X軸とY軸（2軸）はテーブルが動くものなど、メーカによって直線運動する部位が異なります。

　たとえば、X軸とY軸方向にテーブルが動く立て形マシニングセンタでは、各軸のプラス方向とマイナス方向が主軸の動きを基準にした方向（右手の法則）と逆になり、X軸（左右方向）は主軸頭に対して左に動く方向がプラス方向、右に動く方向がマイナス方向になります。これはテーブルが主軸頭に対して左に動くということは、相対的に考えると、主軸が右に動いたことになるた

16

第1章 これだけは知っておきたい構造・仕組み・装備

めです。同様に、Y軸（前後方向）はテーブルがコラム側に動く方向がマイナスになり、これは相対的に主軸が前方に移動したことになるためです。

このように、座標系の向き（プラス方向、マイナス方向）は主軸頭の動きを基準に考えますが、主軸頭が動かずテーブルが動く場合には座標系の向き（プラス方向、マイナス方向）が逆になります。Z軸は常に切削工具が工作物の外側を削る方向（切削工具が工作物に食い込む方向）がマイナス方向になります。

主軸頭とテーブルのどちらが駆動するかで、座標系の方向が変わるのはわかりにくく、座標系の方向はマシニングセンタを習得する過程で一番目に悩むポイントです。しかし、慣れるとそれほど気にならなくなりますので習得できるまでがんばってください。

| 図 1-11 | 立て形マシニングセンタの直線軸 | 図 1-12 | 横形マシニングセンタの直線軸 |

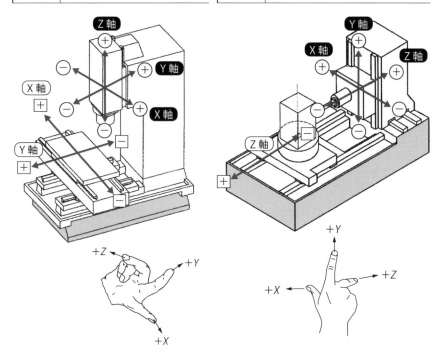

要点 ノート

NCは数値制御（Numerical Control）の頭文字です。数値は座標値のことを示しており、X、Y、Zの座標値を指示することにより、主軸頭やテーブルなどの駆動部が指示された座標値に向かって動きます。

17

1 マシニングセンタの種類と特徴

回転軸と座標系（右手の法則②）
5軸マシニングセンタ

　3軸（X軸、Y軸、Z軸）の直線運動によって工作物の面に対して直角、平行な加工（たとえば、平面、溝、穴あけ加工など）を行うことはができますが、斜めや3次元に湾曲した形状の加工を行うことはできません。そこでX軸、Y軸、Z軸を基軸として回転軸を持つマシニングセンタも市販されています。X軸を基軸とする回転軸をA軸、Y軸を基軸とする回転軸をB軸、Z軸を基軸とする回転軸をC軸といいます。

　図1-13に立て形マシニングセンタと、**図1-14**に横形マシニングセンタの回転軸の例を示します。各回転軸にはプラス方向、マイナス方向があり、この向きは「右手の法則②」に従います。右手を図のようにして、親指を各基軸のプラス方向に合わせます。そして、他の指が巻き込む方向（指先が向く方向）がプラス方向、その逆方向がマイナス方向になります。回転軸を備えることにより、工作物を付け替えることなく（ワンチャックで）、サッカーボールの模様のような多面体形状や面に対して、斜め方向から穴あけを行うことなどができるようになります。

●5軸マシニングセンタ

　直線運動を行う3軸（X軸、Y軸、Z軸）に、回転運動を行う2軸（A軸、B軸、C軸のいずれか2軸）を標準装備したものを「5軸マシニングセンタ」といいます。5軸マシニングセンタは見かけ上、立て形マシニングセンタと変わりませんが、立て形マシニングセンタに2軸の旋回軸を足したものが「5軸マシニングセンタ」になります。5軸マシニングセンタでは全軸（5軸）を同時に動かすことにより、**図1-15**のインペラやスクリューのような複雑な形状を加工することもできます。ただし、駆動する箇所（軸）が多いということは各部品の締結剛性が低くなるということです。つまり、5軸マシニングセンタで重切削を行うと加工精度が悪くなる傾向があります。また、5軸を同時に動かす加工は感覚と操作に慣れるまで一定の習熟が必要です。5軸マシニングセンタは曲面の多い金型加工を中心に使用されており、欧米を中心に積極的に開発されています。

第1章 これだけは知っておきたい構造・仕組み・装備

| 図 1-13 | 立て形マシニングセンタの直線軸と回転軸 | 図 1-14 | 横形マシニングセンタの直線軸と回転軸 |

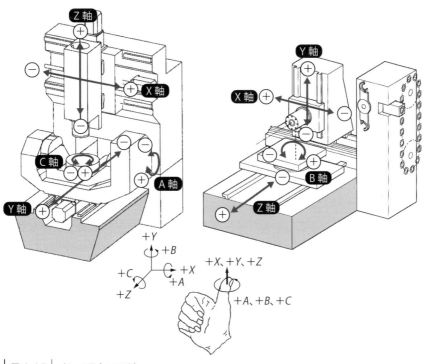

図 1-15 インペラとスクリュー

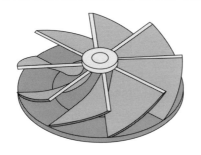

(a) インペラ

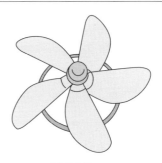

(b) スクリュー

要点 ノート

テーブルを旋回するとワーク座標の位置が変わってしまいます。また、工具長補正も設定方法によっては不都合が生じます。5軸加工は複雑な形状を加工できますが、使いこなすまで習熟が必要です。

《2 マシニングセンタの装備と仕組み

制御装置（NC制御装置）

❶制御装置の種類

　図1-16の制御装置はNCプログラムを読み込み、主軸やモータに指令を出し、制御する役割をする装置です。人間に例えると、主軸頭やテーブルが手足、サーボモータが手足を動かす神経や筋肉、制御装置が頭（脳）といえます。タブレットでいえば、WindowsやAndroid、iOSなどが制御装置に相当します。

　制御装置をつくっている国内メーカにはFANUC（ファナック）や三菱電機、安川電機、東芝などがあり、海外メーカはドイツのシーメンス（SIEMENS）やハイデンハイン（HEIDENHAIN）が有名です。私たち人間にも、話が上手な人や地図を読むのが得意な人、手先が器用な人などいろいろな特徴があるように、制御装置もメーカによって特色があります。このため、たとえばマシニングセンタの制御装置だけを取り換えたとすると加工性能も異なることになります。海外は日本よりも5軸加工が進んでいるため、5軸制御では海外の制御装置の方が優位といわれています。

　基本的なNCプログラム（GコードやMコード）は制御装置のメーカが違っても同じですが、穴あけサイクルやタッピングサイクル、マクロ、変数など特殊なNCプログラムは制御装置のメーカによって異なるため、違うメーカの制御装置を搭載しているマシニングセンタを複数台使い分ける際には多少混乱するかもしれません。スマホや自動車のメーカが異なると、使い方に多少戸惑うのと同じです。

❷ポストプロセッサ

　CAMでツールパス（カッタパス）を作成し、ツールパスをNCプログラムに変換する際には、制御装置メーカに適合した「ポストプロセッサ」を選択する必要があります。ポストプロセッサはツールパスをNCプログラムに変換するための機能です。前述したように、制御装置のメーカによって一部のNCプログラムが異なるため、制御装置のメーカに適合したNCプログラムを作成できるポストプロセッサを選択することになります（図1-17）。

　制御装置に注目すると、①マシニングセンタ（本体）と制御装置のメーカが異

第1章 これだけは知っておきたい構造・仕組み・装備

なっている場合と、②マシニングセンタ（本体）と制御装置の両方をつくっている場合（本体と制御装置が同じメーカの場合）の2種類があります。どちらがよいというわけではありませんが、自身が使用するマシニングセンタの制御装置を確認し、制御装置の特性を理解することもマシニングセンタ上達の第一歩といえます。

図1-16 | 制御装置（人に例えると頭脳）

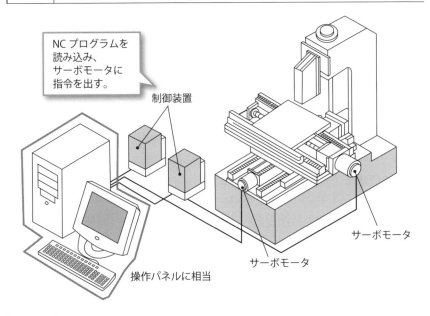

図1-17 | ポストプロセッサの役割

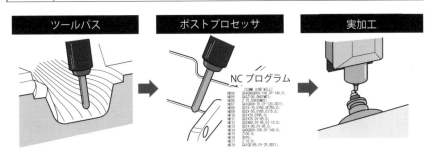

要点 ノート

現在のマシニングセンタはWindows上で制御装置をコントロールし、アプリケーションソフト：アプリ（対話型プログラム）を開発して、制御装置にとらわれない操作方法ができるようになっています。

21

【2 マシニングセンタの装備と仕組み

主軸の種類（ACサーボモータ、ビルトインモータ、エアスピンドル）

マシニングセンタの主軸の駆動源には、①ACサーボモータ（図1-18）、②ビルトインモータ（図1-19）、③エアスピンドル（図1-20）の3種類があります。
①**ACサーボモータ**：無段変速が可能で、低速回転から高速回転までほぼ同じトルクで回転することでき、長時間の連続運転でも発熱を抑えられる特性をもちます。サーボ（Servo）はラテン語の「servus（奴隷）」が語源で、指示通りに動く召使いという意味をもっています。ACサーボモータの回転は「(a) ベルトやプーリ、歯車を介して主軸に伝達する仕組み」と「(b) カップリング（軸継手）を介して主軸に伝達する仕組み」の2種類があります。前者は歯車の伝達比を利用するによって低速回転における十分なトルクを伝えることができることが特徴です。後者は15,000min^{-1}以上の主軸で採用されることが多く、主軸とモータが直結しているためベルト駆動よりも構造が簡易で、メンテナンスがしやすいことが利点ですが、トルクが低いことが欠点です。
②**ビルトインモータ**：主として、20,000min^{-1}以上の高速回転仕様のマシニングセンタに採用されています。ビルトインは「組み込む、内蔵する」という意味で、ビルトインモータは主軸にモータが内蔵され、主軸とモータが一体化しています。ビルトインモータはモータの発熱が直接主軸に伝わるため主軸頭を冷却する必要があります。このため、ビルトインモータを採用しているマシニングセンタでは主軸頭に温度制御された水や油を循環させる機能を搭載するなど工夫されています。近年のマシニングセンタの多くはビルトインモータを採用しています。
③**エアスピンドル**：主として、30,000min^{-1}以上の超高速回転仕様のマシニングセンタに採用されています。エアスピンドルは圧縮空気が駆動源で、圧縮空気により主軸に内蔵した羽根（ブレード）を回すことによって主軸が回転します。エアスピンドルは回転精度が高いこと、大きな熱源がない（一部軸受で発熱）ため主軸の熱変位が少ないことが利点ですが、トルクが小さく切削抵抗により回転数が変動すること、清潔な圧縮空気を安定的に供給しなければいけないこと、高価であることなどが欠点です。また、エアスピンドルは低回転域では回転精度が落ちるため本来の性能が発揮されません。

22

第1章 これだけは知っておきたい構造・仕組み・装備

図 1-18 ACサーボモータ

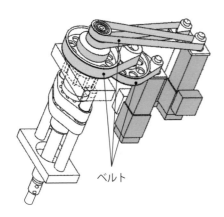
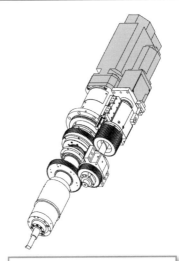

(a) ベルトやプーリ、歯車を介して主軸に伝達する仕組み。

(b) カップリング（軸継手）を介して主軸に伝達する仕組み。

図 1-19 ビルトインモータ

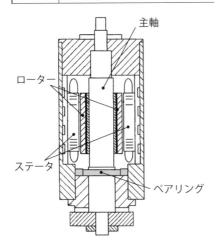

図 1-20 エアスピンドル

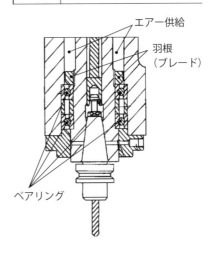

> **要点 ノート**
>
> いずれの駆動源でも主軸を支える軸受（ベアリング）の潤滑と冷却は必須です。主軸に使用される軸受には高剛性、高精度、発熱による低膨張、低昇温性が求められます。なお、min^{-1} は1分間の回転数を表す単位です。

主軸の性能 （トルクと動力の関係）

マシニングセンタの主軸性能は切削工具の選定や切削条件の設定に影響するため、取扱説明書やカタログで確認しておくことが大切です。取り扱い説明書を見ると、**図1-21**のように、「電動機（30分／連続）15/11kW」「トルク（25%ED/連続）45.7/31.3N・m」と記載され、トルクと動力の特性を示すグラフも併記されています。数値は一例です。この表記では、この主軸は30分間であれば15kWの動力で使用でき、連続運転（時間制限なし）であれば11kWの動力で使用できるという意味になります。動力は主軸を回転させるために必要なエネルギです。

❶ED（負荷時間率）

トルクに掲載されているEDは「負荷時間率」（**図1-22**）といい、1サイクルあたりの運転時間（通電時間）を百分率で表したものです。25%EDという記載では、たとえば1サイクル10分の場合、運転時間2.5分、停止時間7.5分という意味になります。つまり、この主軸は25%EDの条件であれば45.7N・mのトルクが使用でき、連続運転（時間制限なし）であれば31.3N・mのトルクまで使用できるという意味です。動力とトルクともに間欠運転よりも連続時間の数値が小さいのは、連続運転では温度上昇などを考慮して安全率を高くしているためです。

❷基底回転数

トルクと動力の関係を示すグラフを見ると、回転数が低い領域ではトルクが安定しますが、出力が増加傾向を示し安定しません。一方、回転数が一定以上高い領域ではトルクが下降傾向を示し安定しませんが、出力は安定することがわかります。出力が安定する回転数を「基底回転数」といいます。

❸動力とトルクの関係

1分間あたりの切りくず体積と切削動力（切削に必要なパワー）は相関関係にあるので、切削条件（回転数、送り速度、切込み深さ）を設定する場合には、切削動力が連続運転可能な11kW未満になるように考慮することが大切です。荒加工では大きな切削工具を使ってバリバリ削るのが理想ですが、大径の切削工具では回転数が低くなるため、基底回転数以下では動力が不安定になり

主軸の性能が発揮できません。一方、小径の切削工具では回転数が高くなるため基底回転数以上では動力が安定し、主軸の性能が発揮されます。したがって、使用する切削工具の外径は基底回転数との関係で決まり、基底回転数以上になる小径の切削工具で低切込み・高送りによる荒加工を行った方が主軸の性能を有効に使用できることになります。一方、加工形状の制約により大径の切削工具を使用する際には、大径の切削工具を回す力（トルク）が必要になります。各メーカの主軸性能を比べてみると、同じ出力でもトルクの値が異なり、トルクが大きいほど大径の切削工具が使用できることになります。

図 1-21 | トルクと動力の関係

| 電動機（30分/連続） | 15/11 kW |
| トルク（25%ED/連続） | 45.7/31.1 N・m |

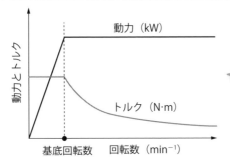

トルクが大きい主軸はトルクが必要な大径のドリル加工やボーリング加工に適しているということになる。

図 1-22 | ED（負荷時間率）

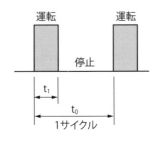

EDは負荷時間率といい、1サイクルあたりの運転時間（通電時間）を百分率で表したもの。

$ED = (t_1/t_0) \times 100$

（例）t_1＝5秒、t_0＝20秒なら25%EDとなる。
%ED＝(5/20)×100＝25

要点　ノート

主軸は動力が安定する基底回転数以上で使用するのが原則です。ドリルやボーリング加工など外径が大きく、加工時の回転数が基底回転数に至らない際には、加工トルクが主軸トルクよりも小さくなければいけません。

【2 マシニングセンタの装備と仕組み

直線運動の駆動方式の種類
（ACサーボモータ&ボールねじとリニアモータ）

　マシニングセンタのサドル、テーブル、主軸頭など直線運動を行う駆動部の仕組みには主として図1-23のACサーボモータとボールねじの組み合わせと、図1-24のリニアモータの2種類があります。ACサーボモータとボールねじの組み合わせは「接触駆動」、リニアモータは「非接触駆動」です。

❶ACサーボモータとボールねじの組み合わせ

　ACサーボモータとボールねじを直結することにより、ACサーボモータの回転力が直線運動に変換されます。ボールねじは、ねじの形状をした軸とナットの間でボールが転がりながら運動するねじで、ボールねじのナットをテーブルや主軸頭に取り付けることで、テーブルや主軸頭が直線運動できるようになります。

　ACサーボモータとボールねじの組合せはリニアモータ駆動よりも①安価であること、②ボールねじが駆動部を支えるため剛性が高く、比較的重量な工作物、駆動部を支持できることが利点です。また、ボールねじは適度な圧力を加えることで剛性を高くし、バックラッシュを低減できます。一方、ボールねじが高速に回転するとたわむ、また微小な移動量ではボールねじの弾性変形（たわみ）によって位置決め誤差が生じやすいことなどが欠点です。

❷リニアモータ

　磁石の力が駆動源となり、磁石（永久磁石や電磁石）の引力や反発力を使ってテーブルを直線的に動かします（図1-25）。リニアは直線という意味で、リニアモータは直線運動を行う動力という意味です。リニアモータはモータをもっていませんが、動力という意味でモータとい名称になっています。

　リニアモータは磁力の力で浮遊しているためテーブルと非接触で、ボールねじのように回転機構がないため無条件に高速で動かすことができます。リニアモータの速度は推進コイルに流す電流の周波数によって制御されます。リニアモータはACサーボモータとボールねじの組み合わせよりも送り速度が速い一方で、案内部と駆動部が非接触のため剛性が低く、重切削はできません。したがって、低切込み・高送りに適しています。

第1章 これだけは知っておきたい構造・仕組み・装備

図 1-23 ACサーボモータとボールねじ

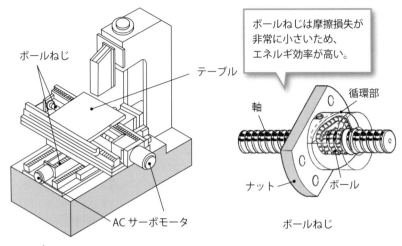

図 1-24 リニアモータ

※リニアモータはボールねじ駆動に比べて多くの優れた点があるが、汎用性や価格などを考慮すると、現状ではボールねじ駆動の方が有利で、多くのマシニングセンタではACサーボモータとボールねじの組合せを採用している。

図 1-25 リニアモータの基本原理

要点 ノート
リニアモータは機械部品点数の削減、潤滑油レスによる環境負荷低減、摩耗レス、振動・騒音の抑制など経済面、環境面、安全面に有利な点が多いため、今後の改良が期待されています。

27

2 マシニングセンタの装備と仕組み

直線運動の案内の仕組み
（リニアガイドとすべり案内）

　マシニングセンタの主軸頭やテーブルなどの直線運動軸（X軸、Y軸、Z軸）の案内には主として、①リニアガイドまたは②すべり案内の2種類があります。

❶リニアガイド

　ボールねじと同じような構造で、溝のついたレール上を鋼球（ベアリング）が転がることによって直線運動する部品です。リニアは直線という意味で、リニアガイドは直線ガイドという意味です。リニアガイドはLMガイド（LMはLinear Motion：直線案内の略）ともいわれることもあります（図1-26、1-27）。

　リニアガイドのレールを固定部の案内面に取り付け、スライドユニットを駆動部の摺動面に取り付けます。これにより、固定部と駆動部はリニアガイドを介して接続され、駆動部は直線運動できるようになります。リニアガイドは摩擦抵抗が小さく滑らかで、小さな駆動力で運動できることが利点で、主軸頭やテーブルなどの駆動部を早く動かすことができます。このため、リニアガイドは比較的小型の俊敏性の高いマシニングセンタに採用されることが多くなっています。ただし、リニアガイドのレールと鋼球は線に近い点接触であるため、接触面積が小さく剛性および振動減衰性がすべり案内よりも劣ります。

❷すべり案内

　固定部の案内面と駆動部の摺動面の間に潤滑油を供給し、潤滑油を介して滑らせ、直線運動させる方法です（図1-28、1-29）。すべり案内は案内面と摺動面が対向しており、接触面積が大きくなるため剛性が高く、かつ油潤滑による振動減衰性が高いことが利点です。このため、重量物の工作物を重切削する中型・大型のマシニングセンタに採用されています。ただし、すべり案内は剛性が高い一方で、摩擦抵抗が大きいため、俊敏性はリニアガイドよりも劣ります。

　すべり案内の摺動面は①熱処理後、研削・研磨加工されたもの、②熱処理後、研削加工され、研削された仕上げ面に摺動性の良いターカイトと呼ばれるフッ素樹脂を貼り付けたもの、③きさげ加工を施したものなどメーカによってつくり込みが異なります。

　リニアガイドは太いほど、すべり案内は面積が広いほど剛性は高くなります。

第1章　これだけは知っておきたい構造・仕組み・装備

図 1-26	リニアガイド案内の例

図 1-27	リニアガイド（LM ガイド）

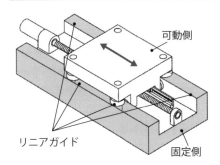
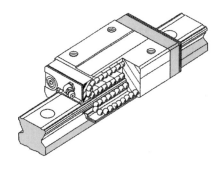

図 1-28	すべり案内の例

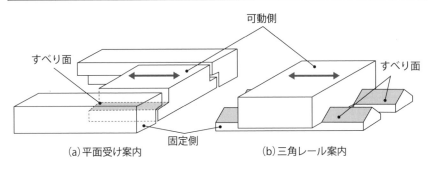

(a)平面受け案内　　　(b)三角レール案内

図 1-29	すべり案内ところがり案内の構造

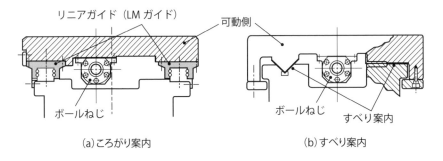

(a)ころがり案内　　　(b)すべり案内

要点　ノート

リニアガイドとリニアモータ…本項で解説したリニアガイドは案内方式の一種で、前項で解説したリニアモータは駆動力の一種で別物です。リニアは両方とも「直線」という意味です。

29

【2 マシニングセンタの装備と仕組み

直線運動の位置決め精度 (ロストモーション、ピッチング、ヨーイング、ローリング) と制御方法

　マシニングセンタの操作盤に表示される座標値の最小単位は0.001mmまたは0.0001mmが多く、この値が指令できる最小単位になります。マシニングセンタの主軸頭やテーブルが指令通りの位置に正確に動いているかどうかは加工精度に直接影響するため重要な関心事です。たとえば、ドリル加工と位置決め精度の関係は顕著で、同じ直径の穴を複数個加工する際、位置決め精度が悪い（誤差が大きい）と、穴の位置が変わってしまいます。また、通常ドリルで穴をあける際は下穴加工、穴あけ加工、面取り加工と3つの加工を順次行いますが、理論上、3回の加工で使用する切削工具の中心はピッタリ同じ位置にないといけませんが、位置決め精度が悪いと中心の位置がズレてしまいます（**図1-30**）。

　運動軸の運動精度を表す指標は主として、①一方向位置決め精度、②繰返し位置決め精度、③ロストモーション、④真直度の4つがあります（**図1-31**）。

①一方向位置決め精度：運動軸を一方向に一定の間隔で移動させ（位置決めを行い）、各位置での指令値と実際に位置のズレ量です。

②繰返し位置決め精度：運動軸を同じ座標値に対して繰返し位置決めを行い、指令した座標値と実際の位置のズレ量です。

③ロストモーション：運動軸を任意の座標値に対して、一方向から移動させた（位置決めした）場合の実際の停止位置と、その逆方向から移動させた（位置決めした）場合の実際の停止位置との差です。

④真直度：理論軸（始点と終点を結ぶ直線）に対してどれだけ蛇行して移動しているかを表す指標で、運動軸を一方向に一定の間隔で移動させ（位置決めを行い）、各停止位置における上下方向および左右方向の理論軸とのズレ幅を測定し、どちらかの最大値で表します。また、直線運動には移動中の姿勢変化をともない①ピッチング、②ヨーイング、③ローリングの3つの回転挙動があります。①ピッチングは進行方向に対して前後の傾き、②ヨーイングは進行方向に対して回転しようとする動き、③ローリングは進行方向に対して左右に傾く動きです。移動中の姿勢変化は通常の加工では気になりませんが、高精度・鏡面加工が必要とされる金型の加工では走行中の回転挙動が加工精度に影響します。

第1章　これだけは知っておきたい構造・仕組み・装備

| 図 1-30 | 位置決め精度の概念 |

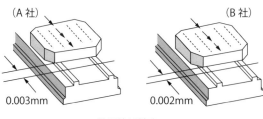

位置決め精度

| 図 1-31 | 運動軸の運動精度を表す指標 |

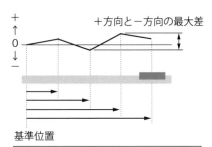

①一方向位置決め精度

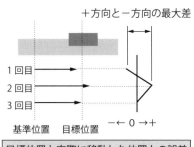

②繰返し位置決め精度

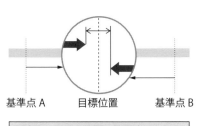

③ロストモーション

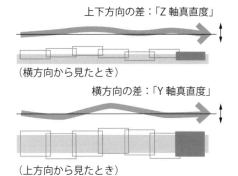

④真直度

要点ノート

サブミクロン…サブ（sub）は名詞の前に付き、下という意味で subway（地下鉄）、submarine（潜水艦、海底）などが代表例です。サブミクロンは 1μm（ミクロン）の下という意味になり 1 桁下の 0.1μm を示します。

31

2 マシニングセンタの装備と仕組み

ワインドアップ、バックラッシュ、ロストモーション

❶運動誤差の原因

　マシニングセンタの運動誤差が生じる原因には、①駆動系（ボールねじの熱変形、弾性変形）、②サーボ系（応答遅れ）、③案内系（重心の移動、接触剛性、摺動面の浮き上がり）、④スケール系（リニアスケール自体の伸び）などさまざまなものがあります。テーブルや主軸頭など駆動部の運動誤差は加工精度（たとえば、穴加工などの加工位置、円弧運動による穴加工）に直接影響するため、マシニングセンタを使用するうえで知っておきたい内容です。

　①駆動系の運動誤差の代表的なものにはワインドアップ、バックラッシュ、ロストモーションがあります。サーボモータの回転がわずかな場合、ボールねじが追従して駆動せず、サーボモータの回転が弾性変形として蓄えられてしまい、送り運動が生じないことがあります。この現象を「ワインドアップ」といいます。そして、ワインドアップとバックラッシュが合わさり、サーボモータの回転が送り運動に伝達されないことを「ロストモーション（失われた運動）」と

図 1-32　立て形マシニングセンタの力の流れ（ストレスパス）

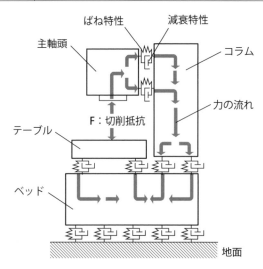

※従来、門形構造は大きな切削抵抗が作用する大型のマシニングセンタのみ採用されてきたが、ストレスパスの分散という観点から、小型のマシニングセンタでも積極的に採用されるようになっている。

いいます。ロストモーションはマシニングセンタの使用年数に比例して大きくなるため、一定年数使用したマシニングセンタではメーカに依頼し、パラメータを再調整することで改善できます。

❷ストレスパス

マシニングセンタの構造は大別して①立て形、②横形、③門形の3つがあります。この中で①立て形と②横形は1本のコラムが主軸頭を支える「シングルコラム構造（オープン形）」になります。一方、③門形は枠の部分が「コラム」の役割を担うため2本のコラムが主軸頭を支える「門形構造（ブリッジ構造、ダブルコラム構造）」になります。切削時に発生する切削抵抗（力）が本体構造に伝わる流れはシングルコラム構造では単純な連鎖であるのに対し、門形構造では複数の閉回路になり、分散されることがわかります。この力の流れを「ストレスパス（応力経路）」（図1-32、1-33）といいます。

ストレスパスは長くなるほど各部の弾性変形が累積され運動誤差を生じやすく、モーメント（曲げる力）が大きくなるなど剛性的に不利です。言い換えれば、ストレスパスを短くすることで切削抵抗に対する変形が小さく振動も抑制でき、加工精度に対する安定性を大きくすることができます。このため、シングルコラム構造ではできる限りストレスパスが短いことが大切で、ユーザとしてはストレスパスの長短が剛性評価（加工精度評価）の1つになります。

図1-33 | シングルコラム構造と門形構造のストレスパスの違い

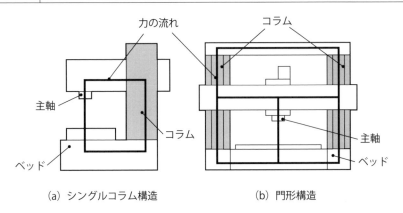

(a) シングルコラム構造　　(b) 門形構造

要点 / ノート

門形構造は左右対称ですが、シングルコラムはそうではありません。切削時は力と熱が発生するためストレスパスは熱の流れに置換できます。門形は左右対称のため熱伝達も均一になり、熱による変形（たおれ）も小さくなります。

2 マシニングセンタの装備と仕組み

象限突起（スティックモーション）と スティックスリップ

❶象限突起は表面粗さにも影響する

　マシニングセンタで円を加工すると、象限が変わる瞬間にボコッと小さな突起が発生し、円形状が崩れます。この現象を「象限突起、スティックモーション、反転スパイク」といいます（図1-34）。たとえば、切削工具が第2象限から第1象限に移動する場合、X軸は常にプラス方向へ運動すれば良いのですが、Y軸は第2象限ではプラス方向、第1次象限ではマイナス方向に運動することになります。つまり、Y軸では切削工具が第2象限から第1象限に移る瞬間、テーブルが停止し運動方向が切り替わる瞬間があります。このような場合、軸受やボールねじなどの駆動部には摩擦抵抗や慣性力が作用するため即座に反転することができず、実際に運動の軌跡が指令軌跡よりも外側に出てしまい膨らみを生じます。これが象限突起です。象限突起が発生した個所ではカッターマークの間隔が変わるため、肉眼ではキズが入ったように見え、表面粗さにも影響します。慣性力は自動車で急ブレーキをかけたとき身体が前に倒されるように感じる力です。

❷象限突起が発生する原因

　象限突起が発生する原因は主として3つあり、①駆動部や案内面（摺動面）の摩擦抵抗が大きく、ACサーボモータの反転に駆動部が遅れること、②急な回転方向切換により駆動ねじ（ボールねじ）にねじれ（弾性変形）が生じ、このねじれによって軸両端部の回転角がズレること、③駆動ねじ（ボールねじ）

図1-34　円形加工時に生じる象限突起

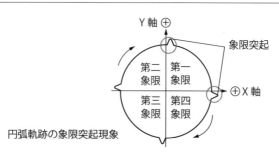

とナット間には微小なバックラッシュがあるため、駆動部の運動に遅れが生じることです。いずれも制御系に対する機械系の遅れが原因です。リニアモータを使用しても案内面（摺動箇所）に摩擦が生じる場合には象限突起が発生します。象限突起は低速運動するときは数μm程度ですが、高速運動するとき数10μmとなり、加工精度として無視できない大きさになります。象限突起は工作機械メーカがさまざまな対策法を開発していますが、ユーザ側で象限突起を小さくするには送り速度を低くするしかありません。マシニングセンタの円加工における加工誤差の測定はDBB（Double Ball Bar）と呼ばれる測定機器を用いて測定します（図1-35）。

駆動ねじが一定の速度で回転しているにも関わらず、駆動部が案内面に密着して運動しない状態と運動する状態が周期的に繰り返す現象が生じることがあります。このような現象を「スティックスリップ」といいます。

図1-35 DBBによる運動精度測定

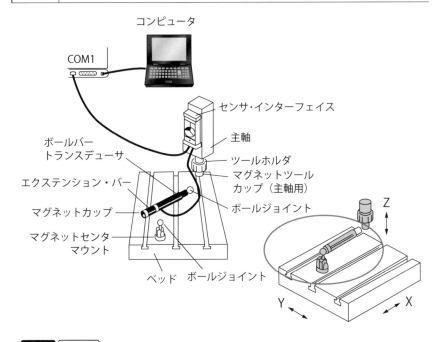

要点 ノート

測定の原理として有名なアッベの原理は「測定点とスケールは同一軸上にあることが望ましい」というものですが、これは工作機械にも適用でき、加工点とスケールの位置は近いほど運動精度が高く、加工精度が向上します。

2 マシニングセンタの装備と仕組み

空間の運動精度を向上させる きさげ加工

　マシニングセンタは、3軸の直線軸を随時または同時に動かして加工を行いますが、直線軸の運動精度は加工精度に直接影響するため、作業者として気になるところです。直線軸の運動精度を左右する要素の1つに案内面の平面度と剛性があります。28頁で解説したように、マシニングセンタの案内方式には主として①リニアガイドと、②すべり案内の2種類があります。

　リニアガイドを採用するマシニングセンタでは、リニアガイドのレールを固定側の案内面にねじなどで固定されます。通常レールを取り付ける固定側の案内面は熱処理された後、研削加工を施し、要求される平面度に仕上げられます。

　一方、すべり案内を採用するマシニングセンタでは、固定側、運動側の摺動面は❶研削加工で仕上げたものと、❷研削加工後に「きさげ加工」されたもの、❸研削加工後に摩擦係数を低減する合成樹脂を貼り付けたものがあります。

図 1-36 きさげ加工

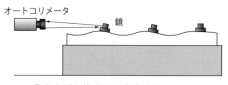

①きさげを施す面の真直度を
オートコリメータで測定

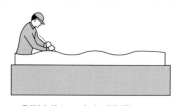

②測定後に、きさげ作業

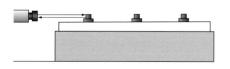

③きさげ面の真直度をオートコリメータ
で測定し、平面度を確認

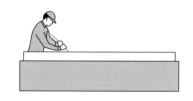

④要求平面度が出るまで、
測定ときさげ作業を繰り返す

第1章　これだけは知っておきたい構造・仕組み・装備

❶スクレーパ

　きさげ加工はスクレーパ（またはきさげ）と呼ばれる工具を使用して、作業者が完全手作業で平面の凹凸を除去し完全な平面をつくる手仕上げ加工です。具体的には、平面を一通りきさげ加工した後、その加工面に顔料を塗り、定盤（平面に加工された基準面）に擦り合わせると、きさげ面の凸部が定盤と接触した箇所だけ顔料が擦れて薄くなります。この部分を再度、スクレーパで細かく除去していきます。この作業を繰り返して、平面をつくっていきます。そして、ある程度平面が仕上がったら、実物の運動部（テーブルなど）と組み合わせて、運動精度を光学式の測定器で計測します。ここで、運動精度が要求精度に満たない箇所が見つかると、再度きさげ加工を行い、要求される運動精度が満たされるまで、きさげ加工を繰り返します（**図1-36**）。

❷きさげ面の機能

　きさげ面の凹部（スクレーパでキズつけた箇所）は摺動油の油たまりとして作用し、摺動面の潤滑と保護の役割をします。きさげ加工は平面をつくるだけでなく、機能をもった面をつくる加工といえます。研削加工でも平面を加工することはできますが、案内面が長いほどきさげ加工が優位になります。きさげ加工で仕上げた面は「きさげ面」と呼ばれます。マシニングセンタのきさげ面は見ることはできませんが、定盤や汎用工作機械の摺動面など生産現場ではきさげ面を見ることができます。

　最上位の超高精度なマシニングセンタでは、リニアガイドを採用している場合でも、案内面をきさげ加工し、きさげ面の上にリニアガイドを取り付けています。案内面にきさげ加工を施しているか否かが、運動精度を評価する1つの指標になるといえるでしょう。きさげ加工は手作業なので、加工コストが高く、現在では加工できる技能を有した作業者も少なくなっています。

　きさげ加工は摺動面（案内面）だけではなく、マシニングセンタの組立精度を向上させるために、基本構造であるベッド（土台）とコラム（支柱）の取付面、ボールねじを支えるブラケットとの取付面、ベッドとリニアガイドのガイドレールの取付面など、組み立てる際に接触する箇所（2つの物体を締結する箇所）に施されることもあります。

要点｜ノート

摺動面が凹凸のない平滑面で潤滑油が入らなければ、固定側と運動側の摺動面がペッタリ張り付いてしまい、焼付きの原因にもなります。摺動面がペッタリ固着する現象を「リンギング」といいます。

【2 マシニングセンタの装備と仕組み

運動軸の制御方法

　マシニングセンタはNC装置がNCプログラムを読み取り、駆動モータに指令を送ることでテーブルや主軸頭を移動させますが、指令した位置と現在の位置の差を常に確認し、NC装置にフィードバックしています。このような制御方法を「フィードバック制御」といいます。NC装置は、NCプログラムを読み取り、各軸の駆動源であるサーボモータに指令を送る装置です。マシニングセンタに使用されるフィードバック制御には、主として、①セミ・クローズドループ方式と、②（フル）クローズドループ方式の2種類があります（**図1-37**）。

❶セミ・クローズドループ方式

　サーボモータのスピンドル（軸）または、ボールねじの回転角度をロータリエンコーダという装置で検出し、運動体（主軸頭やテーブル）の位置を予測する方法です。つまり、運動体（テーブルや主軸頭）の位置を駆動軸の回転によって予測する方式です。

　セミ・クローズドループ方式は構造が簡単で応答が早いことが利点ですが、一方、ボールねじのピッチ誤差（製品精度）や高速回転によるボールねじの膨張・伸縮、たわみ、バックラッシュなどが影響し、指令値と実際の座標値に誤差が生じる場合があります。ただし近年では、ロータリエンコーダの取付位置の工夫や発熱、たわみの抑制、バックラッシュ補正を有したボールねじが使用されるなどの対策が講じられ、事実上ほとんど誤差が発生しないため、多くのマシニングセンタはセミ・クローズドループ方式を採用しています。

❷（フル）クローズドループ方式

　運動体の傍らに現在の位置を検出する直線スケール（磁器スケール、光学スケール、リニアスケール（リニアエンコーダ）など）を取り付けて、実際の運動体（テーブルや主軸頭）の位置を検出し、NC装置にフィードバックする方式です。

　クローズドループ方式は実際の移動量を検出するため指令値と実際の座標値に誤差が生じにくいのが特徴で0.0001mm程度の高い位置決めが利点ですが、スケールを付ける必要があるため、構造が複雑になり、高価になることが欠点です。リニアモータ駆動ではロータリエンコーダを使用できないためクローズ

ドループ方式が採用されています。

❸ハイブリッドループ方式

セミ・クローズドループ方式とクローズドループ方式を併用したフィードバック制御です。ハイブリッドループ方式では移動中はセミ・クローズドループ方式で制御し、停止時にクローズドループ方式でスケールによる位置決めができることが利点です。いずれか1つの方式では不安定な場合に使用されています。

図 1-37 フィードバック制御の種類

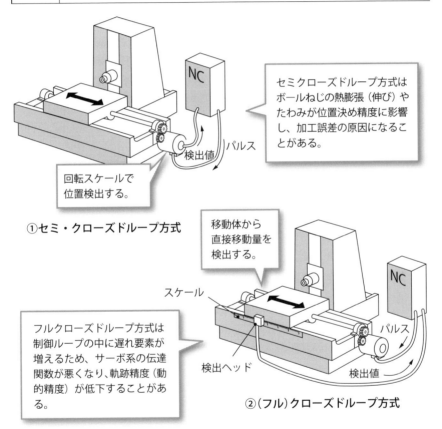

① セミ・クローズドループ方式

② (フル)クローズドループ方式

要点 ノート

汎用のフライス盤や旋盤にデジタルのスケール表示が付いているのを見たことあるのではないでしょうか。このデジタル表示はテーブルや刃物台の位置をスケールで読んでいるので、(フル)クローズドループ方式です。

【2 マシニングセンタの装備と仕組み

移動速度と加速度、加加速度
（生産性の評価）

　主軸頭やテーブルなどの早送り速度、切削送り速度は速いほど、段取りや加工時間が早くなるため生産性が向上します。送り速度はマシニングセンタに求められる重要な性能で、送り速度が速いことを「俊敏性が良い」と表現されることもあります。直線運動は「加速、等速、減速、停止」という4つの基本挙動があり、これらの挙動をグラフにすると**図1-38、1-39**になります。横軸が時間（s）で、縦軸が速度（m/s）です。

　Ⓐとℬは等速状態の速度は同じです。しかし、Ⓐは等速になるまでの加速の時間が長く、また、停止するまでの減速の時間も長いことがわかります。一方、ℬを見ると、等速になるまでの加速の時間が短く、また、停止するまでの減速の時間も短いことがわかります。両者を比べると、所定の位置に到達するまでの時間はℬがⒶよりも短く、早く到達できます。

❶加速度

　加速度は速度（m/s）を時間（s）で割った値で、図にすると加速、減速時の「傾き」に相当します。また、加速度の単位は「m/s²」ですから単位からも加速度の意味を理解することもできます。このように、等速状態の速度が同じでも、加速度によって所定の位置までの移動時間が異なります。つまり、加速度はマシニングセンタの生産性を評価する指標として見ることができ、指令した早送り速度や切削送り速度に達するまでの時間（加速時間）と、その速度から停止するまでの時間（減速時間）が短いほど、生産性が高いマシニングセンタといえます。

　最近のマシニングセンタでは加速度が1〜1.5G程度のものが多いようです。1Gは重力加速度のことで約9.8m/s²です。つまり、加速度1Gのマシニングセンタは1秒間に約9.8m/sに達することができるということです。

❷加加速度

　加速度の変化率を「加加速度」といいます。マシニングセンタで加工する工作物が小さく、偏狭部が多い場合には、加減速が激しく、加速度が常に変化するため、滑らかな動きを行うためには加速度の変化率（加加速度）が大切になります。1mを速く動き、停止するよりも、1mmを速く動き、停止することが

大切で、短時間に、精度良く加工を行うために必要な指標が加加速度で、加加速度が高いほど追従性が良い（指令に対して遅れのない高い応答制御ができている）といえます。ただし、加加速度が高いほど振動が発生しやすく、テーブルなどの構造には振動を抑制する工夫や、加加速度の変化を滑らかにする工夫などを施す必要があります。

図 1-38 加速度の考え方（生産性の評価基準）

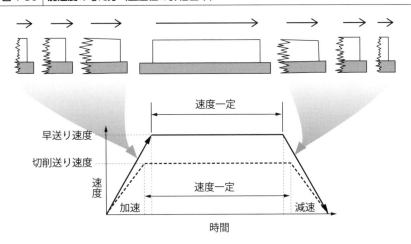

図 1-39 加速度と生産性の関係

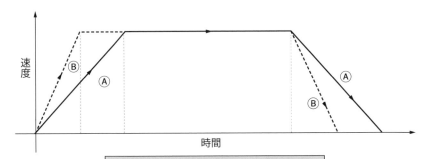

Ⓐ：加速、減速の時間が長い ➡ 生産性が低い
Ⓑ：加速、減速の時間が短い ➡ 生産性が高い

要点 ノート

加速度が高くなると移動の前後で衝撃（ショック）が生じます。これは加速度の時間変化（加加速度）という指標になり、加加速度は小さいほどショックは小さくなります。

〔2〕マシニングセンタの装備と仕組み

ATC（自動工具交換機能）

　マシニングセンタにはNCプログラムの指令により自動で切削工具を交換する装置（自動工具交換装置）が付いています。この装置をAutomatic Tool Changer（オートマティック・ツール・チェンジャー）といい、頭文字を取ってATC（**図1-40**）と呼んでいます。ATCはマシニングセンタのもっとも特徴的な機能で、次に使用する切削工具を工具マガジンから呼び出し、主軸に装着している切削工具と交換する機能（装備）です。

❶チェンジアーム

　主軸に装着している切削工具とツールマガジンに格納されている切削工具を掴み、両者を交換する箇所（部品）を「チェンジアーム（**図1-41**）」といいます。チェンジアームは人の手と考えて良いでしょう。

　チェンジアームの駆動動力には油圧、電動カム、空圧（エア）があり、それぞれ一長一短がありますが、ATCの性能としてもっとも問われるのは切削工具の交換に要する時間です。

❷工具交換時間の指標

　工具交換時間の指標（ATCの動作速度）を表す指標には、①Tool to Tool（ツール・ツー・ツール）、②Chip to Chip（チップ・ツー・チップ）、③Cut to Cut（カット・ツー・カット）の3つがあります。

①Tool to Toolは主軸が工具交換できる所定の角度で停止した状態で、工具交換位置にあり、チェンジアームによって主軸に装着している切削工具が外され、次の切削工具が装着されるまでの時間を示すものです。単純にいえば、チェンジアームの動作時間です。

②Cut to CutはJIS B 6336に規定されており、加工領域内の基準位置で主軸が回転中の状態から時間測定を開始し、主軸停止、主軸頭が自動工具交換位置へ移動、工具交換、交換後の切削工具が交換前と同じ位置に戻り、主軸起動、設定回転数に至るまでの時間を示すものです。Cut to Cutは自動運転を想定し、工具交換に必要な動作をすべて考慮した指標なので、工具交換時間の性能を評価するために適した指標といえます。

③Chip to Chipは工具交換を行うために切削を中止し、主軸停止、主軸頭を自

動工具交換位置まで移動、工具交換、主軸起動、設定回転数に到達、切削を再開するまで時間を示すものです。つまり、現在の切削工具で切りくずを排出するのを止めてから、次の切削工具で切りくずを排出するまでの時間です。企業の生産現場など生産性（製品の加工時間）を考える場合の工具交換時間（非切削時間）の算出にはChip to Chipが多く使用されています。

図 1-40 　自動工具交換装置（ATC）

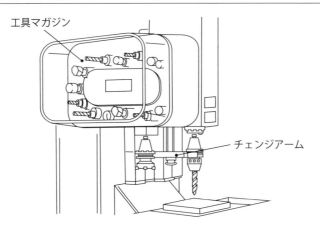

図 1-41 　チェンジアーム（人間の手の役割）

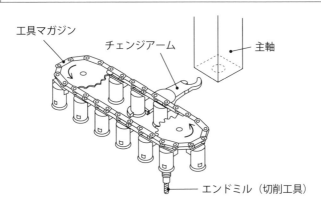

要点 ノート

チェンジアームには片爪と両爪（カニばさみ）があります。片爪は高速で工具交換できることが利点ですが、保持力が弱いことが欠点です。チェンジアームの保持力が切削工具の重量に耐え得るか否かを確認することが大切です。

❰2❱ マシニングセンタの装備と仕組み

工具マガジンの構造と制御方法

　工具マガジンは切削工具を格納しておく装置で、NCプログラムにより指定された切削工具を呼び出す働きをします。切削工具を収納する1つひとつの場所を「ツールポット」といいます。必要な切削工具を工具マガジンに格納しておくことにより、長時間の連続運転や多種多様な加工を行うことができます。

❶工具マガジンの種類

　図1-42のように工具マガジンには主として①ドラム式、②チェーン式、③マトリックス式の3種類があります。

①**ドラム式**：ツールポットが円周上に連なった形式で、格納できる切削工具の数は20本程度です。

②**チェーン式**：ツールポットをチェーンで連結した形式で、格納できる切削工具の数が50本程度と多くできるのが利点ですが、比較的大きな動力が必要になります。

③**マトリックス式**：ツールポットを縦横の行列に並べた形式で、工具交換の際は上下左右に移動する搬送装置が使用する切削工具をツールポットから取り出し、工具交換位置まで搬送します。マトリックス式は100本以上の切削工具を格納するようなマシニングセンタに装備されます。

❷工具マガジンの制限方式

　工具交換時のシステム（制御方式）には、①シーケンシャル方式と②ランダム方式の2種類があります。

①**シーケンシャル方式**：加工する図面から工程分解を行い、使用する切削工具の順番を決め、使用する切削工具を順番通りにマガジンに格納し、交換する方式です。シーケンシャルは連続したという意味です。現在のマシニングセンタはほとんど採用していません。

②**ランダム方式**：使用する順番は関係なく、切削工具に認識番号を付け、NC装置に登録し、必要に応じて、切削工具を呼び出す方式です。ランダム方式は①固定アクセス方式と②ランダムアクセス方式に分類されます。

　①の固定アクセス方式は各切削工具がそれぞれ固有のツールポットに格納され、交換前後において格納されるツールポットが変わらない方式です。つま

り、切削工具Aはツールポット図A、切削工具Bはツールポット図BとNC装置に登録した場合には、交換後も切削工具Aはツールポット図Aに、切削工具Bはツールポット図Bに格納されます。この方法は作業者も把握しやすいですが、決められた場所に保管するためマガジンの移動時間が長くなり、工具交換時間が長くなります。

②のランダムアクセス方式は、交換前後で切削工具が格納されるツールポットが変わる方式です。ランダムアクセスは切削工具を交換するたびに、格納されるツールポットがどんどん変わっていきます。したがって、作業者はどの切削工具がどのツールポットに格納されているかを把握できません。しかし、切削工具とツールポットの位置関係はNC装置によって管理されているので、たとえば、切削工具Aが現在何番のツールポットに格納されているかは操作盤のソフト上で確認することができます。現在のマシニングセンタのほとんどは工具交換時間短縮のため、この方式（ランダム方式のランダムアクセス方式）を採用しています。

図1-42 | 工具マガジンの種類

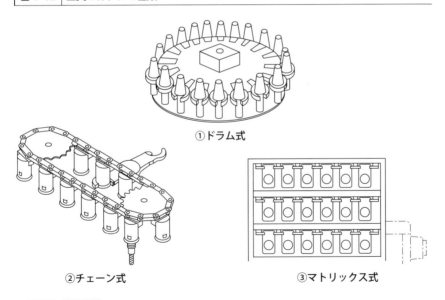

①ドラム式

②チェーン式

③マトリックス式

要点 ノート

必要な切削工具を工具マガジンに収納しておくことにより、長時間の連続運転や多種多様な加工を自動で行うことができます。大径の切削工具は隣の切削工具と干渉しないように気を付けなければいけません。

45

【2 マシニングセンタの装備と仕組み

回転テーブル（ロータリ、ダイレクトドライブモータ、インデックス）

　回転テーブルは名前の通り、回転軸を備えたテーブルです。回転テーブルの仕組みには主として、①ロータリ方式、②ダイレクトドライブモータ方式、③インデックス方式の3種類があります（図1-43）。

❶ロータリ方式

　①テーブル内のウォームギアがウォームホイルと噛み合うことによりテーブルを回転させる形式と、②平歯車列を組み合わせてテーブルを回転させる形式の2つがあり、両者とも歯車を利用してテーブルを回転させる仕組みです。ロータリ方式は0.001°〜0.0001°単位で任意の角度に位置決めを行うことができ、切削中に回転運動させることが可能ですが、重切削など大きな切削抵抗が作用する場合には運動精度、位置決め精度が悪くなります。また、ロータリ方式は歯車の組み合わせによりテーブルを回転させる仕組みなので、回転速度が遅く、バックラッシュ（歯車間の隙間）が回転精度に影響しやすいことも欠点です。ロータリは「回転」という意味です。

❷ダイレクトドライブモータ（DDM）方式

　歯車を使用せず、テーブルを直接ACサーボモータに接続した方式です。モータ直結のため、モータのトルクが必要になりますが、歯車を使用しないため、回転速度が速く、機械部品の摩耗やバックラッシュなどの影響を心配することはありません。

　マシニングセンタで同時4軸加工、同時5軸加工を行う際、ロータリ方式では直線運動に比べて回転運動の速度と精度が悪く、加工時間と精度がロータリ方式に引っ張られ、ボトルネックになっていましたが、ダイレクトドライブモータ方式では直線運動と同等の運動速度と精度が実現できるようになりました。ダイレクトドライブモータ（Direct Driveモータ）は頭文字を取ってDDモータといわれることもあります。

❸インデックス方式

　回転テーブルというよりは角度の割り出しテーブルで、「カービックカップリング」と呼ばれる円周上に歯形をもった一対の円盤がテーブルに内蔵されており、カービックカップリングの歯が上下で噛み合うことによって任意の角度

第1章 これだけは知っておきたい構造・仕組み・装備

に位置決めを行うことができます。たとえば、カービックカップリングの上下の歯数が360枚であれば1°ごと、72枚であれば5°ごとの位置決めが可能です。インデックスは慣用的に「割り出し」という意味です。ちなみに本の索引をインデックス（index）といい同じ意味です。

図 1-43 回転テーブルの種類

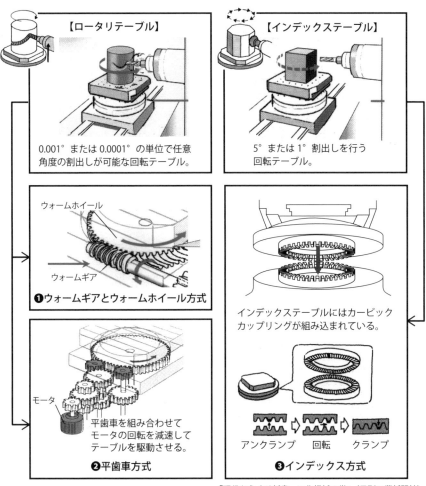

「現代からくり新書－工作機械の巻」（日刊工業新聞社）

要点 ノート

カービックカップリングは上下のすべての歯が強固に噛み合うため、剛性が高く、大きな切削抵抗が作用する重切削にも耐えられますが、ロータリ方式やダイレクトドライブモータ方式のように切削中に回転させることはできません。

47

2 マシニングセンタの装備と仕組み

APC（自動パレット交換装置）

　テーブルはマシニングセンタの構造部品の1つで工作物を取り付ける台です。「パレット」はマシニングセンタの周辺装備の1つで工作物を取り付けて供給する台です。テーブルとパレットの区別がわかりにくいのですが、マシニングセンタの案内面に装着されたものがテーブルで、テーブルと取り換えられる台がパレットです。そして、NCプログラムによりパレットを自動で交換できる装置をAPC（自動パレット交換装置：オート・パレット・チェンジャー）といいます（図1-44）。

　APCを装備することにより、外段取りで工作物の取り付け、取り外しができるため生産効率（マシニングセンタの稼動率）を向上させることができます。また、パレットを複数台装備することにより、複数個の段取りを行うことができ、連続加工が行えるため、夜間、休日など長時間の無人運転を行うことができます。APCは標準装備ではなく、拡張付属装備（オプション装備）で、量産加工や自動運転を行う生産現場で導入されています。

図 1-44 ｜ APC（自動パレット交換装置）

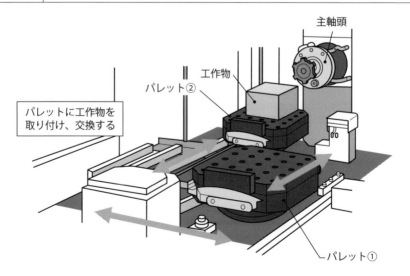

マシニングセンタの機内で行う段取り作業はテーブルの奥側に手が届きにくく、工作物との接近性が悪いことや、クレーンを使用する際にも作業空間に制約がありますが、機外で行うパレットによる段取りではオープンスペースで作業が行えることが利点です。しかし、パレットを装備すると設置面積が広くなることや、テーブルを交換する機能がマシニングセンタに内蔵されるため、テーブルの位置が若干高くなること、テーブルに堆積した切りくずや残存した切削油剤がパレットステーション（パレットを待機させた置く場所）まで広がるため、清掃が大変などの課題があります（**図1-45**）。

APCにはATC（自動工具交換機能）と同様に、交換速度が速いことが望まれます。通常、APCの移動の動力にはパレットと工作物の重さに耐え得る力が必要なため油圧が使用されますが、小型のマシニングセンタではサーボモータ（電動）を使用しているものもあります。サーボモータは油圧に比べて、交換速度が速く、作動油が不要で環境に優しいことが利点です。

APCはパレットの搬出入方法の違いにより①ターン方式、②シャトル方式、③ループ方式、④セパレート方式、⑤インデックス方式、⑥ライン方式などがあります。各方式は交換時間やパレットのストック数、所要床面積に特徴があります。

図1-45 テーブルの種類

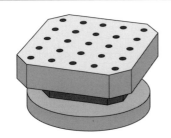

(a) タップ穴タイプ

専用の取付具を使用する場合に多く用いられる。

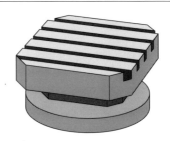

(b) T溝タイプ

汎用の取付具：
（マシンバイスなど）を使用する場合に多く用いられる。

要点 ノート

テーブル（パレット）の種類（図1-45）には主として、(a) テーブル上にねじ穴が加工されたタップ穴タイプと、(b) テーブル上にT溝が加工されたT溝タイプの2種類があります。

❰2❱ マシニングセンタの装備と仕組み

チップコンベア

　チップコンベアは切りくず（chip）を運搬する装置（conveyor）で、チップ
バケットは切りくずを一時的に溜めてくおく容器（bucket）のことです。切
りくずがマシニングセンタの機内に堆積すると、切りくずの熱によってベッド
やテーブル、コラムが変形し、加工精度が悪くなってしまいます。このため、
切りくずは速やかに機外（ベッドの外：構造部品に触れない箇所）に排出する
必要があります。また、切りくずには切削油剤が付着しているので、チップコ
ンベアには切りくずを運搬するだけではなく、切りくずと切削油を分離させる
機能も必要です。

　マシニングセンタに採用されているチップコンベアの方式には、主として5
種類があります（**図1-46**）。

①**ヒンジ式**：戦国時代の鎧や戦車のキャタピラのような構造で、つなぎ合わせ
た鋼板を回転・移動させて切りくずを運搬するコンベアです。ヒンジ式は切り
くずを鋼板の上に乗せて運びますので、工作物の材質や切りくずの状態に関係
なく効率良く運搬できることが利点です。ただし、鋳物など切りくずが粉にな
るような場合には、鋼板の隙間に入り込むことや切りくずが鋼板に張り付きや
すくなります。

②**スクレーパ式**：チェーンやベルトに取り付けたスクレーパと呼ばれる板状の
かたい「へら」で切りくずを運搬するコンベアです。鋳鉄のような切りくずが
粉になる工作物に適したコンベアで、切削油の分離がヒンジ式より優れていま
す。

③**スクリュー式**：らせん状の羽根が回転することによる巻き上げ作用によって
切りくずを運搬するコンベアで、スクリューの中心に軸がある有軸と軸がない
無軸のものがあります。スクリュー式は短距離の運搬に適しており、安価であ
ることが利点です。

④**コイル式**：スクリュー式と構造が似ており、スクリューの中心に軸がなくば
ねのような構造で、コイルの回転による巻き上げ作用により切りくずを運搬す
るコンベアです。スクリュー式、コイル式ともに、工作物材質や切りくずの形
状にとらわれず運搬可能ですが、長く繋がった切りくずは羽根やコイルに巻き

付き、絡むことがあります。
⑤**プッシュバー式**：コンベアの左右に付けた突起で引っ掛けて、切りくずを運搬するコンベアです。

図1-46 チップコンベアの種類

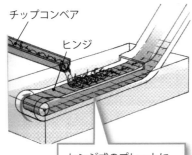

①ヒンジ方式

ヒンジ式のプレートに切りくずだけを載せて搬送することで、クーラントと分離する。

②スクレーパ方式

コンベアの底板に溜まった切りくずを板でかき上げて切りくずだけを排出する。

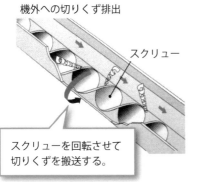

③スクリュー方式

スクリューを回転させて切りくずを搬送する。

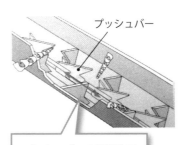

④プッシュバー方式

プッシュバーの前後動で切りくずを搬送する。

「現代からくり新書－工作機械の巻」（日刊工業新聞社）

要点ノート

切りくずの形状は長いもの、短いもの、厚いもの、薄いもの、粉状のものなどさまざまで、切りくずの詰まりや切削油の持ち出しなどチップコンベアに関するトラブルは多いため、切りくずに合ったコンベアの種類を選ぶことが大切です。

❰2 マシニングセンタの装備と仕組み

オイルクーラとチラー（冷却用油の温度管理と切削油剤の温度管理）

❶オイルクーラ

　マシニングセンタは長時間運転すると、主軸や駆動部、軸受、モータなどが発熱し、機械全体の温度が上昇します。これらの発熱を抑え、本体の温度を一定に保つため、マシニングセンタの内部には冷却油が流れる配管が張り巡らされています。この冷却油の温度を制御しているのが「オイルクーラ」で、最近のマシニングセンタにはオイルクーラが標準装備されています（図1-47）。

　運転中、主軸やボールねじの駆動力であるモータには電流が流れ、主軸やボールねじを支える軸受では摩擦が生じるため、運転時間が長くなるほど発熱量は高くなります。近年のマシニングセンタは高能率加工を行うため、主軸の高周速化とテーブルなど駆動部の高速化が著しく、発熱量が一層高くなっています。とくに、ビルトインモータを採用している主軸では、モータが主軸に内蔵されているため主軸自体が熱源になります。

　主軸やボールねじで発生した熱が周辺に伝導することで構造体（主軸頭やコラム、テーブルなど）には温度差による膨張・収縮（姿勢変化）が生じます。温度差（熱変位）は局所的に発生するものではなく、また時間的にも長い周期で発生するので、表面粗さのような細かい凹凸には影響しませんが、寸法精度（形状精度）に直接影響します。寸法精度悪化の原因は構造体の温度変化による姿勢変化が主な原因です。オイルクーラは冷却用の油の温度を一定に保ち、マシニングセンタ本体の温度が一定以上に高くならないようにするための装置で、マシニングセンタの電源をONにした直後の温度を維持するものではなりません（電源をONして、すぐに加工して寸法精度が安定するものではありません）。つまり、マシニングセンタ本体（構造体）が一定の温度になるまで十分に暖機運転を行うことが大切です。冷却用の油は循環式ですので潤滑油のように一定量減ることはありませんが、定期的に残量を確認してください。

❷チラー

　切削油剤（クーラント）は切削工具が金属を剥ぎ取るときに発生する切削熱を抑制・除去するために切削点に供給しますが、使用時間が長くなると、切削熱により徐々に温められます。切削油油剤の温度が上昇すると、テーブルや

ベッド、配管を温めるため構造体に温度変化が生じ、寸法精度（形状精度）に影響します。図1-48のチラーは切削油剤の温度管理を行う装置で、長時間使用しても切削油剤を一定の温度に保ちます。切削油剤の温度は切削熱の抑制・除去に大きく影響するため高精度な加工にはチラーは必須です。

図1-47 │ オイルクーラ（冷却用油の温度管理）

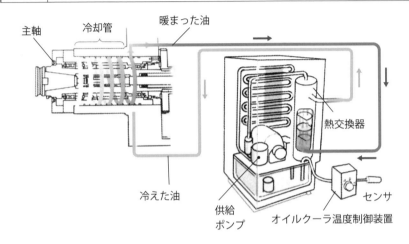

図1-48 │ チラー（切削油剤の温度管理）

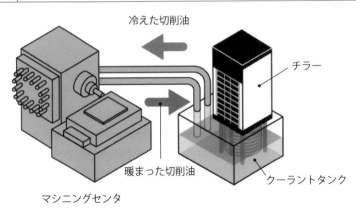

要点 │ ノート

高精度な加工を安定して行うには、マシニングセンタ本体および切削油剤の温度管理が大切です。天井付近と床の温度差をなくすために、旋風機などで空気を循環させるだけでも効果はあります。

《2 マシニングセンタの装備と仕組み

地耐力 (何事も基礎が大切)

❶地耐力の計算

　マシニングセンタを設置する場合には設置する場所が本体重量に耐え得る否かを確認する必要があります。地盤が耐えられる荷重を「地耐力」といい、1m²あたりが耐え得る重量（t）という単位（t/m²）で表します。地耐力が本体重量よりも小さいと設置後、地盤沈下し、マシニングセンタが傾いてしまいます。

　マシニングセンタの設置に必要な地耐力は式①で計算できます。式に示すように、設置に必要な地耐力はマシニングセンタ本体の重量と想定される工作物の最大重量を足した重量（t）を、設置面積（m²）で割った値に安全率を掛けることで計算できます。通常、安全率は2～3としています。安全率の考え方はマシニングセンタを設置する箇所（地盤）の地耐力がマシニングセンタの本体重量と想定される工作物の最大重量を足した重量を設置面積で割った値と同じでは、地盤が耐え得るギリギリということになるので、設置する場所（地盤）の地耐力は2～3倍程度の重さでも沈下しない強靭さが必要です（図1-49）。

　マシニングセンタを設置する場所に必要な地耐力の目安は小型では3～4（t/m²）、中型では6～7（t/m²）、大型では20（t/m²）以上といわれています。

　地盤が弱く、地耐力が小さい場合には、強固な地層まで穴を掘り、石（直径12～20cmくらいの砕石）を敷き詰めたり、コンクリートを流したりして地耐力を強化します。この際、穴底の地層に必要とされる地耐力は式①の分子に砕石やコンクリート自身の重量を足して計算できます。

❷防振溝

　地耐力が十分な場合でも、マシニングセンタの設置場所に強固で、強靭なコンクリートを敷くことは大切です。地面に直接マシニングセンタを設置すると、他の工作機械やコンプレッサの振動が伝わり加工精度に影響することがあります。また、コンクリートを敷く際にはコンクリートを敷く部分と周辺部分に溝をつくると、振動がコンクリートに伝わることを防止できます。このような溝を「防振溝」といいます（図1-50）。

　防振溝は溝のままでも良いのですが、ゴミが落下することがあるので木の板やゴムなどを挿入すれば良いでしょう。

第1章 これだけは知っておきたい構造・仕組み・装備

図 1-49 | マシニングセンタの重量と地耐力

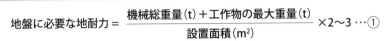

$$\text{地盤に必要な地耐力} = \frac{\text{機械総重量(t)} + \text{工作物の最大重量(t)}}{\text{設置面積(m}^2\text{)}} \times 2\sim3 \cdots ①$$

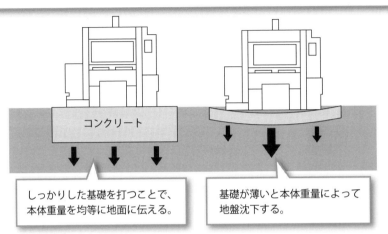

しっかりした基礎を打つことで、本体重量を均等に地面に伝える。

基礎が薄いと本体重量によって地盤沈下する。

図 1-50 | 基礎(コンクリート)と防振溝

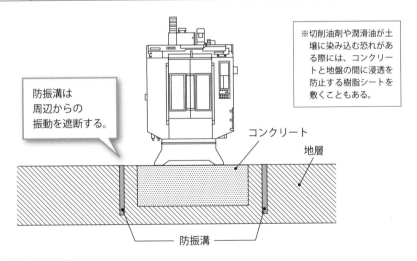

防振溝は周辺からの振動を遮断する。

※切削油剤や潤滑油が土壌に染み込む恐れがある際には、コンクリートと地盤の間に浸透を防止する樹脂シートを敷くこともある。

コンクリート
地層
防振溝

要点 ノート

機械精度を長く維持するために基礎が重要で、基礎の良否はマシニングセンタの生命に関わります。また、日本は四季があり1年を通じて温度変化が大きいため、温度変化の少ない環境を整えることが大切です。

55

【3】ツーリング

ツールホルダのシャンクの種類①
BTとBBT

　ツールホルダは正面フライスやエンドミル、ドリルなど切削工具をマシニングセンタの主軸に取り付けるための部品（接続するためのインターフェイス）です。切削工具はそのまま主軸に取り付けることはできず、ツールホルダを介して主軸に取り付けます。ツールホルダと主軸の締結剛性は加工精度に影響するため、ツールホルダと主軸が接触するシャンクの特徴は覚えておきたい内容です。

　現在のマシニングセンタで多く使用されているツールホルダのシャンクの種類は①BT（BBT）、②HSK、③CAPTOの3種類です。

❶BTシャンク

　主軸と接触する箇所が7/24の（軸方向24mmに対して直径が7mm小さくなる）テーパ形状です。BTシャンクは日本で開発されたため、国内でもっとも普及しているシャンクです（図1-51）。

　BTシャンクは主軸に取り付ける側の端部に「プルスタッド」といわれる突起を取り付け、主軸がプルスタッドを引き込むことにより、シャンクと主軸のテーパが密着して保持される仕組みです（図1-52）。このため、ボトルグリップ・テーパシャンク（Bottle Grip Taper Shank）と名付けられ、頭文字を取ってBTシャンクと呼ばれています。

　BTシャンクはBT30、BT40、BT50などBTに続く数値でテーパの端面（大径部分）の直径が異なり、数値が大きくなるほどテーパの端面が大きく、シャンクと主軸端の接触面積が増えるため、保持力が強固で重切削に適しています。一方、数値が小さいほどテーパ部の端面が小さく、シャンクと主軸の接触面積が減るため保持力は弱くなります。重切削には適しませんが、重量が小さくなるので高速回転に適しています。

❷BTとBBTの違い

　BTシャンクはテーパだけが主軸と接触しているため、締結剛性がそれほど高くありませんでした。また、遠心力や熱膨張により主軸が膨らんだり、重切削を行った際にホルダが主軸に食い込み、Z軸方向の加工精度誤差が発生するというトラブルが発生していました。そこで、ホルダのツバ（フランジの端

面）と主軸の端面を接触させて締結剛性を高め、主軸の食い込みを抑制するシャンクが開発されました。このシャンクを「BBTシャンク（ホルダ）」と呼んでいます（図1-53）。BBTシャンクはテーパとフランジの端面の2面（箇所）で主軸に接触するので曲げ剛性、防振性能に優れ、重切削時にホルダが主軸に沈むという現象を抑制できるようになりました。

　BT仕様の主軸にBBTシャンク、BBT仕様の主軸にBTシャンクを装着することはできますが、両者とも2面拘束にはなりません。BBT仕様の主軸にBBT仕様のシャンクを装着することが必須です。

| 図1-51 | BTシャンク(7/24テーパ) | 図1-52 | プルスタッドによる装着 |

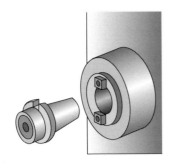

BTシャンクはプルスタッドを引き上げることによりテーパ部が主軸内部と密着し、拘束される1面拘束のツーリングである。マシニングセンタでもっとも多く採用されている。

| 図1-53 | BTとBBTの違い |

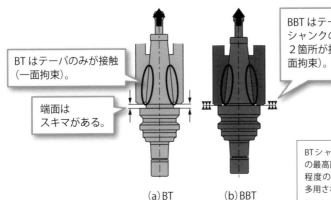

BTはテーパのみが接触（一面拘束）。

端面はスキマがある。

BBTはテーパとシャンクの端面、2箇所が接触（2面拘束）。

(a) BT　　(b) BBT

BTシャンクは主として主軸の最高回転数が12,000min^{-1}程度のマシニングセンタに多用されている。

要点 ノート

BTシャンクはテーパだけが接触する1面拘束、BBTはテーパとシャンクの端面の2箇所が接触する2面拘束です。BBTシャンクは曲げ剛性、防振性能に優れ、重切削時にホルダが主軸に沈むという現象が抑制されます。

3 ツーリング

ツールホルダのシャンクの種類②
HSK

❶HSKシャンク

　マシニングセンタに使用されているツールホルダのシャンクの1つに「HSK
シャンク」があります。工業製品が軽薄短小になり、これにともない構成する
部品や金型も小型化しています。部品が小型化すると偏狭な箇所の加工が多く
なるため、小径のエンドミル（切削工具）が必要になります。良好に機械加工
を行うためには切削速度（切削工具が工作物を削る速さ）を適正にしなければ
いけませんが、小径のエンドミルを適正な切削速度に到達させるためには主軸
を高速に回転させる必要があります（切削速度と回転数の関係は122頁を参照
ください）。一般的なマシニングセンタの最高主軸回転数は $10000\mathrm{min}^{-1}$ 前後で
すが、現在では $20000 \sim 100000\mathrm{min}^{-1}$ まで回転するものも市販されています。

　主軸を高速に回転させる場合、主軸に取り付ける切削工具やツールホルダに
は遠心力が作用するためバランス良く軽量でなければいけません。そこで、高
速切削技術が進むドイツでホルダの全長が短く、中空な構造の高速回転用の
シャンクが開発されました。これが「HSKホルダ」です。

　図1-54のHSKはドイツ語で中空軸シャンクテーパを意味する「Hole（中
空）Schaft（軸）Kegel（テーパ）」の頭文字を取って名付けられ、ドイツ工業
規格（DIN規格）に規定されています。

❷HSKシャンクの特徴

　HSKシャンクはシャンクの長さが短く、軽量であるためATC（自動工具交
換）の交換時間が短いこと、テーパが1/10と小さいため繰返しの位置決め精
度が高いことが特徴です。また、HSKシャンクはBTシャンクのようにプルス
タッドでホルダを保持する仕組みではなく、ホルダの中空内側を外側へ押しつ
けて拘束する仕組みになっており、回転数に比例して締付力が強くなる機構を
採用しているため、高速回転に適しています。また、プルスタッドが不要な分
だけ短小です。

　HSKシャンクはテーパとフランジの端面の両方が主軸に接触する2面拘束
で、BBTシャンクと同様に、軸方向（スラスト方向）および軸方向と垂直方
向（ラジアル方向）の力に強いです。

第1章　これだけは知っておきたい構造・仕組み・装備

　HSKシャンクは若干の形状の違い（回転トルク伝達用の溝の有無や切削油剤の供給方法など）によってA形、B形、C形、D形、E形、F形の6種類があり、A形、B形、E形、F形が自動工具交換機能をもつマシニングセンタ用で、C形とD形は自動工具交換機能がない工作機械用です。A形、B形は形状が非対称で、E形、F形は形状が対称です。また、B形とF形はテーパが他のものより小さく、軽量です。したがって、F形は超高速回転仕様になります（図1-55）。

　HSKのT形（HSK-T）は複合加工機用のシャンクで、A形と互換性があります。T形は旋削でも使用するため、シャンクの位置決め溝の精度（許容差）がA形よりも高くなっています。旋削では切削工具の位置決め精度が加工精度に影響するためです。

　HSKは、主としてマシニングセンタの回転工具のシャンクとして使用されていますが、複合工作機械用として、旋削バイトなどの非回転工具用シャンクとして使用できるものもあります。このシャンクは日本のICTM（Interface Commitee for Turning Mill）という委員会がICTM-HSKという規格で制定しています。ICTM-HSKはHSK-Aと互換性があり、マシニングセンタと複合工作機械で工具を共用することができます。

図1-54　HSKシャンク

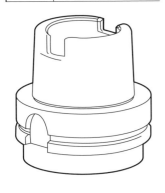

図1-55　HSKシャンク（A形とF形）

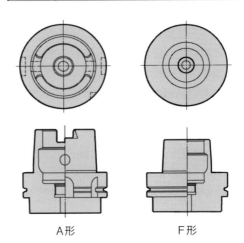

A形　　　　　　　　F形

要点　ノート

HSKホルダとほぼ同じ形状をしたホルダに「KMホルダ」があります。KMホルダは欧米で実績の高いホルダで、アメリカのケナメタル社が開発しました。

3 ツーリング

ツールホルダのシャンクの種類③
CAPTO

❶CAPTOの特徴

マシニングセンタに使用されているツールホルダのシャンクの1つに「CAPTO（キャプト）シャンク」があります。図1-56のCAPTOは、マシニングセンタで採用しているものはあまりありませんが、マシニングセンタとターニングセンタ（NC旋盤）の両方の機能を装備している複合加工機に多く採用されています。

複合加工機はマシニングセンタの主軸とターニングセンタの刃物台の両方を装備しているため、主軸と刃物台で共有できるツールホルダが望まれました。そこで、スウェーデンのサンドビック（Sandvik）社によって開発されたのが図1-57のCAPTOシャンクです。ツールホルダを共有にすることで工具コストを低減でき、また段取り時間の短縮にもなり生産性の向上が図れます。

CAPTOはシャンクが1/20のテーパで、シャンクを上から見ると、三角形のおにぎりに似た形状（ポリゴン形状）をしています。BTシャンクに比べて主軸との接触面積が少なく、剛性が低いように思いますが、独特のポリゴン形状が曲げ剛性・ねじり剛性が高く重切削にも耐えられます。ポリゴン形状のためトルク伝達も高くなっています。また、CAPTOは短小で、中空のため構造がHSKと似ており高速切削にも適します。

❷複合機対応のCAPTOシャンク

CAPTOは複合加工機の使用率が高いアメリカで広く普及していますが（図1-58）、日本では複合加工機よりも汎用性の高い3軸のマシニングセンタの使用率が高いため、CAPTOよりもBT・BBTやHSKが普及しています。このため、開発元のサンドビックでは多彩な商品ラインナップを市販していますが、国内のツーリングメーカの商品ラインナップはBTやHSKが主流で、CAPTOは少ないのが現状です。今後、日本でも複合加工機が普及すればCAPTOの使用率が増えるかもしれません。

CAPTOもBBT、HSKと同様にテーパとフランジの端面の両方が主軸に接触する2面拘束です。

図 1-56　CAPTO シャンクの利点

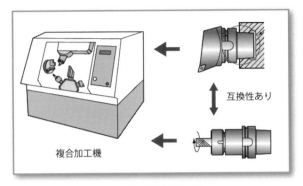

(a) CAPTO（複合機共有）　　(b) BT・HSK

図 1-57　CAPTO シャンク

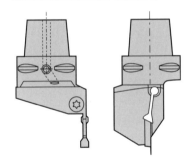

図 1-58　CAPTO シャンク（複合機対応）

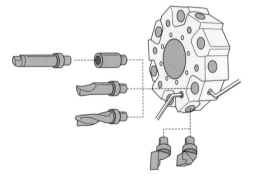

ひとくちコラム

工作機械やATCによる自動工具交換が可能なシャンクに関する規格は国際標準化機構（ISO）と歴史的に工作機械の生産量の多い日本工業規格（JIS）、ANSI（アメリカ工業規格）、DIN（ドイツ工業規格）が主になっています。また、日本にはMAS規格（日本工作機械工業会規格）もあります。

要点ノート

欧州では高圧クーラントの技術が進んでいるためCAPTOは高圧クーラントに適合したものが多いです。高圧クーラントは切削熱の除去や切りくずの折断に有効で、今後注目される技術の1つです。

【3 ツーリング

ツールホルダの種類

　ツールホルダは切削工具をマシニングセンタの主軸に取り付けるための接続部品（インターフェイス）です。切削工具とツールホルダの締結剛性が低いと、切削抵抗によってびびりが発生し、加工精度が悪く、工具寿命も短くなります。切削工具をツールホルダに取り付ける際の注意点は以下の通りです（**図1-59**）。

①ツールホルダは切削力に耐え得る保持力を有するものを選択する。

②ツールホルダの接触面（シャンク）にキズがないこと、切りくずやゴミが付いていないことを確認する。

③切削工具の突き出し長さを短くする。

④メーカが推奨する締付トルクで適正に締め付ける。

　切削工具とツールホルダの結合方法の種類には主として、①コレットチャック（**図1-60**）、②ミーリングチャック、③ハイドロチェック、④サイドロックチャック、⑤焼きばめチャックなどがあります。チャックの把握精度が低いと振動を誘起し、加工精度、工具寿命が悪くなります。遠心力による把握剛性の低下にも注意が必要です。

❶コレットチャック

　テーパ形状のコレットによって切削工具のシャンクを保持するチャックです。保持力や取付精度はテーパの角度、コレットの縮み代によって変わりますが、コレットとシャンクが全周面であたり、接触長さが長く、他のチャックに比べて取付精度が高いことが特徴です。ただし、他のチェックに比べて保持力は低いので、通常、外径16mm以下の切削工具に使用します。コレットにはシングルアングルとダブルアングルがあり、ダブルアングルはシングルアングルに比べ把握長が長くなるため保持力が高くなっています。

❷ミーリングチャック

　ニードルベアリング（細い棒状のローラ）でエンドミルのシャンクを締め付けるチャックです。エンドミルの外径に合ったストレートコレットを介して、取り付けるので、ストレートコレットを変えることで多種の外径を把握できるため汎用性が高く、もっとも使用されています（**図1-61**）。ミーリングチャックは把握力が高いですが、曲げ剛性が弱いです。ロールロックチャックともいわれます。

第1章 これだけは知っておきたい構造・仕組み・装備

図 1-59 | ツールホルダの断面図（一例）

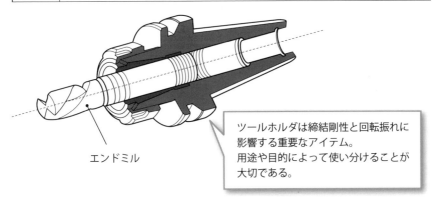

エンドミル

> ツールホルダは締結剛性と回転振れに影響する重要なアイテム。
> 用途や目的によって使い分けることが大切である。

図 1-60 | コレットチャック

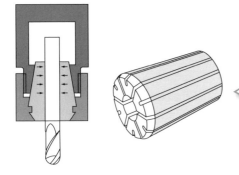

> ミーリングチャックに比べて把握力は劣るが、振れ精度は高い。
> ドリル加工やエンドミル加工など幅広く使用される。

図 1-61 | ミーリングチャックとストレートコレット

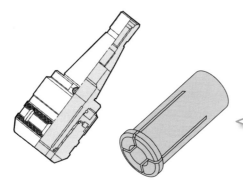

ミーリングチャック　　ストレートコレット

> チャックの弾性変形を利用してシャンクを保持する。
> 主として、エンドミルの重切削に使用される。

63

❸ハイドロチェック

　油圧チャックともいわれ、ホルダ内部に組み込まれた油圧機構によって切削工具を保持するチャックです。取付精度、剛性、保持力が高く、高精度な加工に適しています。ただし、油の温度変化や寿命が短いなど多少取り扱いが難しいのが欠点です。

❹サイドロックチャック

　切削工具のストレートシャンクに設けられた平坦部に、ホルダの側面から挿入したねじによって保持するチャックです。平坦部をねじで拘束するため保持力が強く、大径の切削工具に適していますが、ホルダと切削工具はねじによる点接触に近いため、剛性が低く、びびりが発生する場合があります。

❺焼きばめチャック

　ホルダを加熱し、熱膨張させた取付穴に切削工具のシャンクを挿入し、その後、ホルダを冷却・収縮させて保持する仕組みです。取付精度、剛性、保持力が高く、高精度加工に適しています。ただし、チャックの加熱・冷却に多少時間が掛かります（図1-62）。

図 1-62　焼きばめチャック

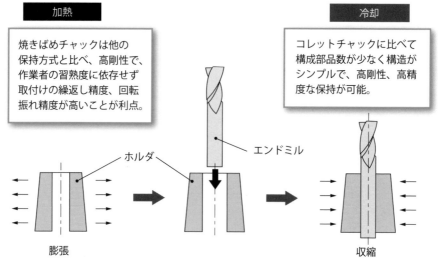

> **要点ノート**
> ツールホルダの最大の敵はサビです。テーパ（結合部）にサビが生じると締結剛性や回転振れ精度に影響します。使用後は洗浄後、粘度の高い油を塗布し、防錆することが大切です。使用の際は油をふき取り、洗浄して使用します。

【 第**2**章 】

これだけは知っておきたい
段取りの基礎知識

【1 段取りと安全の大切さ

内段取りと外段取りの違い

　物事を行う際、順序や手順を考え、必要なものを準備することを「段取り」といいます。段取りは私たちの日常生活でも普通に行っており、どこかへ遊びに行くときには出発時間や移動経路を計画し、持ち物を揃えます。これが段取りです。段取りが悪いと、物事はうまく進まず、良い結果が得られません。

　歌舞伎などの伝統文化や料理の世界では、成功するか否かの80%は段取りの良し悪しによって決まるという意味で、「段取り八分」「段取り8割」という表現が使われます（図2-1）。

　段取りは準備作業全般を示す言葉ですが、マシニングセンタ加工における段取りは①外段取りと②内段取りに分けられます。

❶外段取り

　マシニングセンタを停止しないで行う段取りのことで、主として、マシニングセンタの機外で行う段取り作業を示します。たとえば、マシニングセンタが加工中に、次の加工で必要な切削工具や材料、治具などをマシニングセンタの近くに準備しておく作業が外段取りになります。

❷内段取り

　マシニングセンタを停止して行う段取りのことで、主として、マシニングセンタの機内で行う段取り作業を示します。たとえば、加工が終了し、次の加工を行う際の工作物の脱着や座標設定などが内段取りになります。極端な例では、1つの製品が完成するまでの割合が内段取り70～80%、加工時間20～30%ということもあります。内段取りを行っている間はマシニングセンタが停止しているため、内段取りの時間が長くなるほど、1日で加工できる部品・製品の数が減ります（マシニングセンタ1台あたりの生産効率が下がります）。したがって、内段取りはできる限り外段取りに変えていくこと、できる限り短時間で終わらせることが大切です（図2-2）。

　具体的には、次に加工する材料をマシニングセンタの傍まで移動しておくことや、治具をワンタッチ取付機構にすることなどが考えられます。また、治具および切削工具を共通化することによって、工作物の脱着を省力化し、切削工具の設定を省くことができます。さらに、内段取りの作業手順が作業者によっ

て異なることもあるため、作業手順を標準化することも有効です。ただし、内段取りの時間と正確さは作業者の技能（スキル）に依存するところが多いので、人材育成（スキル向上）も重要なポイントといえるでしょう。

| 図 2-1 | 段取り8割 |

段取りとは

- 物事を行う順序や手順、準備のこと
- 歌舞伎や料理で使用されている言葉

段取り八分（だんどりはちぶ）

物事が成功するかどうかは、段取りで80％が決まる！

| 図 2-2 | 内段取りと外段取り |

2種類の段取り作業がある

内段取りとは…　マシニングセンタを停止して、行わなければならない準備のこと。

外段取りとは…　マシニングセンタを動かしながら（加工しながら）機外で行う準備のこと。

➡ どちらも改善が必要だが、生産性に直結するのは内段取り!!

要点 ノート

段取り（準備）は人が行うしかありません。生産効率を向上させるためには、切削条件の見直しによる加工時間の短縮（能率を考える）とともに、内段取り時間を短縮すること（効率を考えること）が大切です。

〈1〉 段取りと安全の大切さ

5S（整理・整頓・清掃・清潔・躾）と段取り効率の関係

❶物事が成功するか否かは段取りの良し悪しで決まる

段取りは物事を円滑に進めるために行う準備作業で、物事が成功するか否かは段取りの良し悪しによって決めます。段取りをしっかり行えば物事が成功する（失敗なく加工できる）確率が高くなりますが、段取りを長い時間掛けて行うのは非効率です。たとえ外段取りといえども、できるだけ短い時間で行うのが効率的で、時間に余裕ができれば次々工程の段取りを行うことや別の作業を手伝うこともできます。

❷意味のないムダな作業が案外多い

私たちが行っている段取りの中には、意味のないムダな作業というものもあります。たとえば、切削工具や測定器を取りに行くために「歩く」こと、必要なものが見当たらず「探す」こと、材料や切削工具、測定器をマシニングセンタまで「運ぶ」ことです。「歩く、探す、運ぶ」は付加価値を生まない無意味な作業で、あらかじめ必要なものを選定し、マシニングセンタの近くに並べて置けばムダな作業をなくすことができ、段取り効率を高めることができます（図2-3）。

必要なものを、使いやすいように並べておくことを「整理・整頓」といいます。整理は必要なものと不要なものを分類し、不要なものは捨てること、整頓は必要なものがすぐに取り出せるよう置き場所や置き方を決めておくことです。物を置くスペースには限りがあります。したがって、必要なものと、不必要なものを選定し、不必要なものは思い切って捨てること（ゴミ屋敷にせず、断捨離すること）が大切です。

毎日過ごしていると必ず出るのが汚れやホコリ、ゴミです。掃除をして、ゴミや汚れのないきれいな状態に保つことを「清掃」といいます。整理・整頓・清掃は頭文字を取って「3S」と呼ばれています。

❸3Sの徹底

3S（整理・整頓・清掃）を徹底して実行し、常に理想的な状態に維持することを「清潔」、3Sと清潔を習慣づけ、風土・文化として根付かせることを「躾」といいます。そして、3Sと清潔、躾を合わせて「5S」といわれます（表

2-1)。

5Sは生産現場だけではなく、社会生活に共通する考え方です。5Sを行うことにより安全も確保されます。5Sを意識して仕事や実習に取り組むことが結果的に段取り効率を向上させ、安全作業につながります。

なお、ここで解説した整理・整頓・清掃・清潔・躾の意味は国語辞典に掲載されている解説と異なることがあります。上記の解説は本書の主意にしたがい生産現場で解釈されている内容について解説しています。

図 2-3 | 段取りと生産効率の関係（歩く、探す、運ぶはムダな作業）

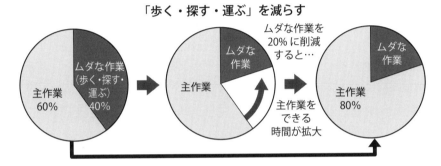

表 2-1 | 5S（整理・整頓・清掃・清潔・躾）の意味

整理	必要なものと不要なものを分け、不要なものを捨てること。
整頓	必要なものがすぐに取り出せるように、置き場所、置き方を決め、表示を行うこと。
清掃	掃除をして、ゴミ、汚れのないきれいな状態にすると同時に、細部の点検を行うこと。
清潔	整理・整頓・清掃を実行し、汚れのないきれいな状態を維持すること。
しつけ	決められたことを決められたとおりに実行できるよう、習慣づけること。

> **要点 ノート**
>
> 料理では材料を洗い、適当な大きさに切り、いつでも料理ができる状態にしておくことが「下準備」で、材料に下味を付け、材料を使う順番に並べておくことが「準備」です。5Sが「下準備」に相当します。

【1】 段取りと安全の大切さ

安全第一（セーフティ・ファースト）と生産性の関係

❶後回しにされた「安全第一」

　生産現場や実習工場などでは「安全第一」の標語をよく見かけます。安全第一は1910年前後にアメリカで生まれた言葉で、製鉄会社USスチールの社長であったエルバート・ヘンリー・ゲーリーが提唱したものといわれています。アメリカは1880年頃から農業国から工業国へ段階的に移行しましたが、1900年頃から不景気であったため、生産現場の設備更新などが行われず、当時は「生産第一、品質第二、安全第三」という風潮もあり、現場で働く労働者にとって優しい環境ではありませんでした。当時、社長であったゲーリーは熱心なキリスト教徒であり、人道的観点から度重なる労働災害に心を痛めていました。そこで、経営方針を「安全第一、品質第二、生産第三」とし、従来の優先順位を変更するスローガンを掲げました。ゲーリー以外の役員は安全を第一にして、品質と生産が低下すれば会社が潰れると非難したものが多かったようです（**図2-4**）。

❷安全が品質向上につながる

　ゲーリーは労働者が安心して働ける安全第一の生産現場をつくるため、すべての機械には安全装置を付ける、安全に関する表記は誰でもわかる記号を用いること、工場内を明るくし、常に清潔を保つなど工場設計、設備搬入、設備レイアウトをすべて見直し、変更しました。すると、労働災害が激減するとともに生産効率が改善されました。これが評判になり、1915年頃には「安全第一（Safety First）」の考え方がアメリカ全土に広がり、自動車産業（フォード）を中心にアメリカは世界の工業生産の3分の1を占めるまでに成長しました。

　安全第一は働く人が安全なら品質、生産は二の次という意味ではなく、労働者が安全に、安心して生産作業に従事できれば、士気が向上し、結果的に品質や生産も向上するといのが概念です（**図2-5**）。会社（組織）が労働者の安全を第一に考えることで、労働者との信頼感液が構築されたのが大きな要因だと思います。信頼関係の構築が良い結果をつくるという、知っておきたい100年前の事例といえます。この理念を日本に持ち込んだのが、古河鉱業足尾鉱業所の所長であった小田川全之です。小田川は1900年頃から欧米各国の採鉱、精錬技術を視察し、最新の技術を導入すると同時に、当時アメリカで実践されていた

70

「Safety First」を「安全専一」と訳し、安全確保のための先駆的活動を実施しました。小学校や中学校では足尾銅山は公害問題の象徴として扱われますが、同時に安全運動の出発点となった場所なのです。

図2-4 生産性と安全性の関係

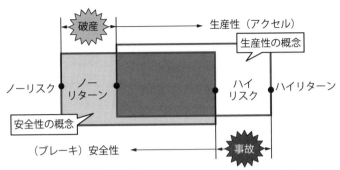

生産性と安全性は相反する関係です。生産性が安全性の概念を超えると事故につながり、安全を重視しすぎると、破産してしまいます。両方の概念を両立できる仕組みづくりが大切です。

図2-5 安全思考と時代的深化

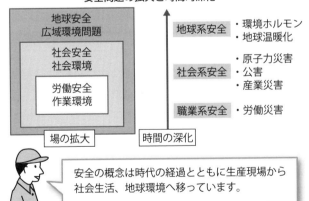

安全の概念は時代の経過とともに生産現場から社会生活、地球環境へ移っています。

要点ノート

現在、安全第一は当たり前になり、日頃何気なく目にする標語の1つにすぎません。先人が安全に懸けた熱い思いと活動の経緯を知ることによって、安全作業の大切さを再認識し、日々の業務に従事することが大切です。

【1】 段取りと安全の大切さ

ハインリッヒの法則
（ヒヤリ・ハット）

　安全第一を考えるときに知っておいてほしい大切な法則があります。それが「ハインリッヒの法則」（図2-6）です。ハインリッヒの法則はアメリカの保険会社に勤務していたハーバート・ウィリアム・ハインリッヒが1928年に労働災害における経験則を統計的に発表したものです。ハインリッヒは5000件以上の労働災害を調べ、1件の重大事故の背景には29件の軽い事故や災害があり、さらに実際には事故や災害が起こらなかったが、危ない！、ヒヤッとしたり、ハッとする出来事が300件起きているという法則性を示しました。つまり、生産現場で危ない！、ヒヤッとしたり、ハッとすることがあれば、29件の軽い事故が実際に発生し、1件は重大事故に繋がっているのです。ハインリッヒの法則は別名「ヒヤリ・ハットの法則」ともいわれ、とくに「1：29：300」という確率は現在でも多くの分野で災害防止の指標として広く使用されています。

　ハインリッヒは「1：29：300」という数字だけではなく、ヒヤッとしたり、ハッとする原因と重大事故の原因が同じ事象に根ざしていることから、ヒヤリ・ハットする事象を調べ、それを解決することで労働災害を抑制できるとしています。みなさんも生産現場や日常生活でヒヤッとしたり、ハッとすることがあると思いますが、そのときは事故や災害にならなくても、その原因が大きな事故や災害に繋がっています。大きな事故や災害は偶然に起きたものではなく、その背景には予兆があるのです。些細なことでもヒヤッとしたり、ハッとすることがあればすぐに改善することを常に意識しておいてください。

　ハインリッヒの法則は労働災害だけではなく、生産管理・品質管理にも適用されており、会社の存続に影響するような1件の大きなトラブルが発生する背景には29件のクレームがあり、さらにその背景には300件の社員が気づく欠陥や品質不良があるといわれています（図2-7）。近年、食品への異物混入や食中毒などの問題が発生していますが、これらは偶然起きたものではなく、潜在的に原因があるということです。皆さんの会社が同じようにならないよう、ハインリッヒの法則を理解し、一人ひとりが意識を高めること、生産現場全体の意識向上が大切です。

第2章 これだけは知っておきたい段取りの基礎知識

図 2-6 | ハインリッヒの法則（ヒヤリ・ハットの法則）

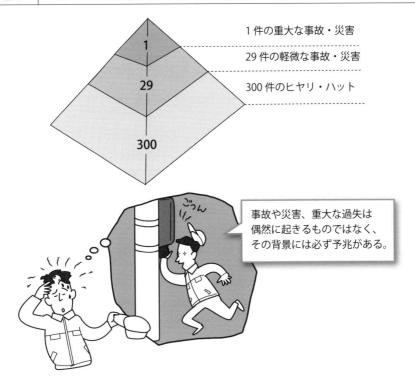

- 1件の重大な事故・災害
- 29件の軽微な事故・災害
- 300件のヒヤリ・ハット

事故や災害、重大な過失は偶然に起きるものではなく、その背景には必ず予兆がある。

図 2-7 | ハインリッヒの法則と生産管理・品質管理

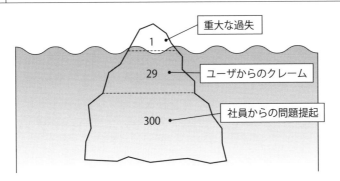

- 重大な過失
- ユーザからのクレーム
- 社員からの問題提起

要点 ノート

1年は365日です。健康をハインリッヒの法則に当てはめれば、毎日の食生活と運動が、風邪や頭痛など軽微な病気を防ぎ、1件の致命的な大病を防ぐことができることになります。毎日の積み重ねが大切ということです。

【2 稼働前の確認事項

コンプレッサの確認とドレン抜き

❶動力源に圧縮空気（エアー）を使用

　多くのマシニングセンタではATC：自動工具交換機能の駆動（切削工具の脱着）の動力源に圧縮空気（エアー）を使用しています。また、切削工具交換時には主軸とホルダの接触面（BTシャンクの場合、テーパ面）に瞬間的に大量の圧縮空気が噴射され、接触面の清掃を行っています。切削工具の交換時に主軸とホルダの接触面に切りくずや切削油剤が付着していると、取付不良やサビの原因になるためです。さらに、切削中や段取り時には工作物やテーブルに堆積した切りくずを飛散させるために圧縮空気を吐出するエアガンを使用することはよくあります。そして、主軸にエアスピンドルを使用しているマシニングセンタでは圧縮空気は必須で、マシニングセンタを数台並べて自動化しているような工場では、工作物の脱着などにも駆動源として圧縮空気を使用していることもあります。

　このように、マシニングセンタを動かすためには圧縮空気が必要で、マシニングセンタの仕様で定められた以上の圧力と供給量が満たされなければアラームが発生し、正常に運転することはできません。正常な運転に必要な圧縮空気の圧力（MPa）と容量（ℓ/min）はマシニングセンタの大きさや機種によって異なります。

❷圧縮空気をつくる「コンプレッサ」

　圧縮空気をつくるのが「コンプレッサ」です。コンプレッサは圧縮空気をつくる装置で、マシニングセンタの近くには必ずコンプレッサがあります。ただし、大きな工場では場外や地下に設置した大型のコンプレッサを使用して圧縮エアーを集中管理し、工場配管を介して供給していることもあるため、マシニングセンタの周辺にコンプレッサが見当たらないこともあります。いずれにしても、マシニングセンタを使用する際には、コンプレッサを運転させ、圧縮空気を供給しなければいけないことを覚えておいてください。

　次に、コンプレッサには補助タンクが併設されていることが多いです。補助タンクはコンプレッサから吐出された圧縮空気を保管するタンクで、主として次に示す2つの役割をもちます。①コンプレッサから吐出された圧縮空気の脈

動を均一化すること、②一時的に圧縮空気が多量に消費された場合の急激な圧力降下の抑制することです。

❸コンプレッサおよび補助タンクを使用上の注意

　コンプレッサおよび補助タンクを使用する上で大切なことは、マシニングセンタを使用後はコンプレッサの電源を切り、コンプレッサおよび補助タンクそれぞれの「ドレンバルブ」を緩め、コンプレッサと補助タンクに残存する圧縮空気と溜まった水をすべて抜くことです。「ドレン」とは圧縮空気内に含まれる水蒸気が温度低下することで水に変化したもの、この水とコンプレッサの潤滑油などが混合した白濁液を示す言葉で、水抜きの作業そのものを示すときにも使用される言葉です（図2-8）。空気を圧縮すると温度が上昇し、含有できる水蒸気量が増えますが、温度が下がると含有しきれなくなった水蒸気が水に変わり、コンプレッサ内のタンクや補助タンクの底に溜まることになります。

　温度によって含有できる水蒸気の量を「飽和水蒸気量」といい、飽和水蒸気量は温度が下がるほど少なくなります（砂糖を水に溶かした際、水の温度が高いほどたくさん溶けるのと同じ）。ドレンが溜まると配管などにサビが発生し、シリンダ、バルブ、各種機械などの寿命を低下させます。エアガンから油の混じった水が出てくる場合には、コンプレッサおよび補助タンクにドレンが溜まっていることが疑われますので、早々にドレン抜きを行うことが大切です。

図 2-8　補助タンクに溜まるドレン

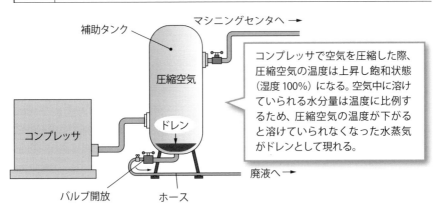

要点 ノート

梅雨の時期はドレンが溜まりやすくなるのでドレン抜きは必須です。常に水滴が落ちる程度にドレンバルブを僅かに開けて使用しても良いでしょう。近年は自動でドレンを抜いてくれるバルブも市販されています。

【2】稼働前の確認事項

エア配管の確認（エアドライヤ、エアフィルタ、レギュレータ、ルブリケータ）

❶ゴミ、ホコリは機器の動作不良につながる

コンプレッサは空気を吸い込み、圧縮する装置ですが、工場内の空気には水分だけでなく、粉塵、金属微粉、繊維（チリやホコリ）などが含まれています。このためコンプレッサは空気と一緒にこれら小さなチリやホコリを吸入し、圧縮することになります。空気の体積が圧縮されて1/5になったとすると、水分やゴミ、ホコリが大気中の5倍に濃縮されることになります。このため、コンプレッサで圧縮した空気がそのままマシニングセンタに供給されると、水分やゴミ、ホコリが配管内に堆積するだけでなく、ATCなど圧縮空気を駆動源とする機器の動作不良が発生することになります。

そこで、コンプレッサとマシニングセンタを繋ぐ配管には、エアドライヤやエアフィルタなどを取り付け、乾燥した綺麗な圧縮空気にすることが大切になります。エア配管の概略図を**図2-9**に示します。

❷圧縮空気を乾燥させる仕組み

エアドライヤは圧縮空気の水分を除去する装置で、圧縮空気を乾燥させる仕組みが大別して①冷凍式と②吸着式の2種類あります。①冷凍式は圧縮されたエアーを冷凍機に通して10℃以下程度まで冷却し、飽和水蒸気量の差によって水分を分離除去し、エアーを乾燥させる方式です。冷凍式は比較的安価ですが、空気の乾燥度に限度があることが欠点です。一方、吸着式は圧縮されたエアーを乾燥剤に通して水分を分離除去する方式です。

②吸着式は乾燥剤が再利用できますが、消耗品のためランニングコストがかかりますが、乾燥度が高いことが利点です。エアドライヤは通常、コンプレッサと補助タンクの間に設置します。

補助タンクからマシニングセンタの配管には、一般に、①エアフィルタ、②レギュレータ、③ルブリケータの3つを順番に取り付けます。

①**エアフィルタ**：チリやホコリを取り除くことが役割です。エアフィルタはろ紙が内蔵され、圧縮空気に含まれる水分やチリやホコリをろ紙によって除去します。ろ紙は使用年数が経つと目づまりが発生し、通気性が悪くなるため定期的な交換が必要です。ゴミやホコリなどの異物が圧縮空気の中に含有したまま

第2章 これだけは知っておきたい段取りの基礎知識

では、圧縮エアーを動力とする機器の動作不良を誘発させるだけでなく、異物によって摺動部（金属同士こすり合う部分）にキズがつき、寿命が低下します。このため、各機器にエアーを供給する前にエアフィルタを介し、異物を取り除きます。

②**レギュレータ**：減圧弁ともいわれ、圧縮空気を任意の圧力まで減圧（調圧）するための機器です。絞りを緩めると圧力が低下し、締めると圧力が高くなります。

③**ルブリケータ**：圧縮空気に微量な潤滑油を供給する機器で、レギュレータで調圧した圧縮空気に霧状の潤滑油を吹き付けます。圧縮空気に微量な潤滑油を含ませることで駆動部の寿命延長を図ることができます。潤滑油は通常タービン油やVG32以下の低粘度のものを使用します。粘度の高い潤滑油ではパッキンなどシール部の寿命が短くなります。ただし、現在では作業環境の観点からルブリケータは使用しない傾向にあります。

図 2-9 エア配管の概略図

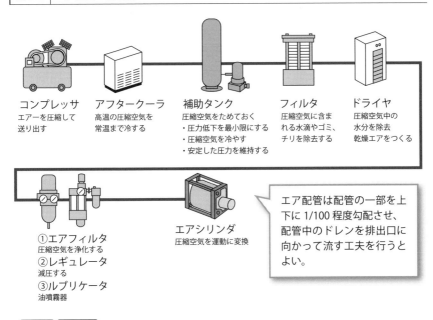

要点　ノート

①エアフィルタ（Filter）、②レギュレータ（Regulator）、③ルブリケータ（Lubricator）はエア配管の3点セットまたは頭文字を取ってFRLユニットともいわれます。それぞれの役割を確認し、保全活動に役立ててください。

❮2 稼働前の確認事項

運転前の暖機運転
(熱膨張を安定させる)

❶暖機運転の目的と必要性

　私たちは運動する際、準備運動を行い、血液の循環を良くし、身体を温めます（ほぐします）。一方、準備運動を行わず急に身体を動かすと、本来の運動能力を発揮できないばかりか、ケガの原因にもなります。マシニングセンタを使用する際も同じで、電源を入れて準備運動せず、すぐに加工を始めると、本来の運動性能で動くことができず加工精度が安定しません。工作機械の準備運動を「暖機運転、またはならし運転」といいます。冬など寒い時期ほど暖機運転は大切です（**図2-10、2-11**）。

　暖機運転の目的は①主軸の熱変位を安定させる、②主軸頭やテーブルなど駆動部の運動精度を安定させる（構造体の熱変位を安定させる）、③切削油剤（クーラント）の温度を安定させることです。これらの3つが一定にすることで加工精度が安定します。

①主軸の熱変位を一定にする：主軸は回転すると、軸受のベアリングが回転し、動力であるモータに電流が流れるため、回転時間に比例して温度が上昇しますが、主軸には冷却用の配管が内蔵されており、この配管にオイルクーラで温度を一定に制御した油を循環させることで、主軸が一定の温度以上にならないようになっています。

　温度が上昇すると、主軸は膨張し、切込み方向（Z軸のマイナス方向）に伸びます。また、主軸に内蔵されている軸受も膨張し、回転振れが大きくなります。つまり、暖機運転をせずに加工を行うと、加工中に主軸および軸受が温まり、軸方向および半径方向の切込み深さが変化し、加工精度が安定しません。加工精度を安定させるには主軸を温め、主軸の伸びと振れが一定になるまで暖機運転を行うことが大切です。主軸の暖機運転は低い回転数からはじめ、徐々に最高回転数まで上げて行います。

②主軸頭やテーブルなど駆動部の運動精度を一定にする：マシニングセンタの電源を入れると、自動で潤滑油が駆動部の各部に供給されますが、電源を入れた直後は前回使用した際の潤滑油が駆動部に残存しています。残存している潤滑油は冷えて、本来の粘度よりも硬くなっており、スティックスリップを生じ

78

やすく、駆動部は本来の運動精度で動くことができないため加工精度が安定しません。暖機運転を一定時間行うことによって、残存する潤滑油を追い出し、新しい潤滑油を駆動部に供給し、潤滑油の温度を一定にすることが大切です。また、テーブルや主軸頭などの駆動部を暖機運転する際にはフルストロークで動かし、ボールねじなどの送り機構や、摺動面など潤滑油が必要な場所全体に潤滑油を行き渡らせることが大切です。使用頻度の高い領域には使用中に潤滑油が供給されますが、使用頻度が少ない領域（摺動面の端など）には使用中でも潤滑油が行き届きません。使用頻度の低い範囲では残存した潤滑油が固まりやすく、固着すると運動精度が悪くなってしまいます。

　主軸頭やテーブルなど駆動部の暖機運転を行う際の送り速度は使用している送りの動力や仕組み、案内方式によって異なります。暖機運転時の条件はメーカに問い合わせるのが良いでしょう。メーカによっては暖機運転用のNCプログラムがあります。治具や工作物、切削工具を取り付けているときには干渉に注意が必要です。

③切削油剤（クーラント）の温度を一定にする：切削油剤の温度は加工精度に影響します。冬など寒い時期の夜間は工場内が氷点下になることもあるため、切削油タンクの切削油剤も冷えています。使用前には切削油剤を循環させ、切削油剤が一定の温度になるよう配慮することが大切です。切削油剤の残量は暖機運転前（循環前）に確認し、必要に応じて補充します。加工中に切削油剤を補充すると温度が変化し、加工精度が安定しません。

図 2-10	暖機運転を行わず、すぐに加工した場合	図 2-11	暖機運転を行い、加工した場合

機械立ち上げ直後の加工とその後の加工で加工寸法が変わってしまう

立ち上げ → 加工開始

加工寸法ばらつき発生

立ち上げ → 暖機運転 → 加工開始

暖機運転を行うことにより加工寸法が安定する

要点 ノート

暖機運転は直近の運動精度や加工精度に影響しますが、経年劣化にも大きく影響し、暖機運転をしっかりと行うことによって精度良く、長く使用できます。暖機運転は面倒で、生産性を下げる要因の1つですが、計画的に実施することが大切です。

【3】油の種類を知ろう

潤滑油の確認

❶潤滑油の役割

　ボールねじ仕様やすべり案内仕様のマシニングセンタは電源を入れると、ボールねじや各部の（テーブル、サドル、コラム、主軸頭）の摺動面（すべり面）に自動で潤滑油が供給される仕組みになっています。このため、マシニングセンタを見渡すと、どこかに**図2-12**に示すような潤滑油タンクがあります。

　潤滑油タンク内の潤滑油はマシニングセンタの電源投入中、常に摺動面やボールねじなど潤滑油が必要な箇所に適量供給されるため、残量が減っている場合には供給する必要があります。潤滑油タンク内の潤滑油が減り、各所に供給されなくなると、焼付きなどのトラブルが発生します（**図2-13**）。このため、潤滑油タンク内の潤滑油の量が減りすぎている際にはアラームが点灯し、一時的にマシニングセンタが使用できなくなります。高速仕様のマシニングセンタでは摺動面やボールねじに焼付きが起こらないよう潤滑油が多量に消費されるので、使用前後や1日1回は潤滑油の残量を確認するのが良いでしょう。また、加工中に潤滑油の残量がなくなると加工が中断されることもあります。休日や夜間に自動運転を行う際には、長時間運転が行えるよう潤滑油の残量を確認しておくことが大切です（**図2-14**）。

❷潤滑油の質が問われる

　すべり案内の運動精度（位置決め精度、スティックスリップ、ロストモーション、象限突起の発生など）は潤滑油の摺動性能によって大きく変わります。量も大切ですが、質も問われますので、メーカ推奨のものを使用するが原則です。

　潤滑油の購入はマシニングセンタを使用するために継続的に必要な費用の1つですので、安く抑えたいと思うのが普通です。そして、少しでも安価に抑えるためにドラム缶で大量購入することもできますが、一度蓋をあけて長期間保管すると、酸化して性能が劣化するため、多少割高でも18ℓ缶など一定の期間で使い切る量を購入するのが良いでしょう。マシニングセンタが高速運動するようになり、一層潤滑油の役割も大きくなっています。従来のように、よく似た潤滑油ならなんでも良いという時代ではありません。また、潤滑油は注ぎ

足しで補充しますが、この際、切りくずやチリ、ゴミなどがタンクに入らないよう十分に注意してください。潤滑油はボールねじやすべり案内面に供給され、摩擦抵抗を低減し、円滑で、高精度な運動に不可欠ですが、反面、切削油剤に混入し、切削油剤の性能を劣化させること、配管から漏れることで作業環境を汚すことなどが課題です。

なお、リニアモータは固定側と駆動側が非接触ですので潤滑油は不要で、リニアガイド（LMガイド）は微量の潤滑油を必要とするか、グリス潤滑のものが多いです。中には潤滑油、グリスともに不要なものもあります。

| 図 2-12 | 潤滑油タンク |

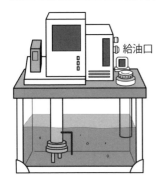

| 図 2-13 | 潤滑油と摩擦係数の関係（ストライベック曲線） |

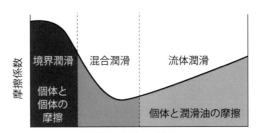

| 図 2-14 | 管理・保全作業が大切です |

潤滑油の在庫量は最小限度にし、古いものから使う。
先入れ・先出しを守ることが大切です。

> **要点 ノート**
> グリスは潤滑油に増ちょう剤を加えて半固体状または固体状にした潤滑剤です。
> 潤滑油、グリスともに回転数が高いときには低粘度のものを使用し、荷重（負荷）が大きいほど高粘度のものを使用します。

【3 油の種類を知ろう

潤滑油の種類

❶粘度によって分類される潤滑油

　すべり案内のテーブルやサドル、主軸頭など駆動部の案内面（摺動面、すべり面）は金属と金属または金属と樹脂が接触しています。駆動部が運動する際、駆動部と固定側の案内面の両者が完全に接触していると正常に、精度良く動くことができず運動精度が低下し、焼付きなどのトラブルが発生する原因になります。駆動部と固定側の案内面の間に潤滑油が入り込み、両者が接触していない状態が理想です。潤滑油は主として粘度（正確には動粘度）によって分類され、粘度区分は国際規格ISOで規定されています。ISOではVG（Viscosity Grade、粘着等級）という表記を使用し、VGに続く数値によって粘度を分類しています。数値が小さいほど粘度が低くなり（サラサラになり）、一方、数値が高いほど粘度が高くなり（ドロドロになり）ます。日本国内ではVGの代わりに#で表記されることもあります。

❷動粘度は粘度を密度で割った値

　潤滑油は動粘度という指標で評価され、動粘度は粘度を密度で割った値で、流体そのものの動きにくさを表すものです。同じ粘度でも密度が異なると動きにくさは変わります。潤滑油はメーカが推奨するものを使用するのがもっとも理想的ですが、通常使用している潤滑油が手元にない場合には、同程度の粘度のもので代用しても大きな問題にはなりません。ただし、潤滑油は粘度だけでなく、用途によっても大まかに分類され、それぞれ特有の性能を有しています。このため、潤滑油は用途に合った適正なものを使用しないと本来の性能が発揮されず効果が薄れてしまいます。マシニングセンタなどの工作機械で使用される潤滑油には主として、スピンドル油、マシン油、ギヤ油、摺動油、軸受油があります。

　スピンドル油は名前の通り、主軸など高速で回転する箇所に使用される潤滑油です。VGグレードは2～10程度に相当します（**表2-2**）。

　マシン油は潤滑油の中でも使用の用途が広く、添加剤を一切含有しておらず、原油の種類によって品質が異なるのが特徴で、機械の軸受や回転部分の潤滑油として用いられます。VGグレードは2～1500程度に相当します。

第2章　これだけは知っておきたい段取りの基礎知識

　ギヤ油は歯車の摩擦軽減と冷却用として各種ギヤに使用される潤滑油です。極圧剤を添加したものと、添加していないものがあります。極圧剤を添加したものは耐摩耗性や耐焼き付き性に優れます。一方、極圧剤が添加されていないものは酸化安定性、水分離性、消泡性、防錆性に優れています。VGグレードは32〜680に相当します。

　摺動油は工作機械のすべり案内面（摺動面）に使用される潤滑油です。摺動油はすべり案内面で発生する振動現象への耐性や防錆性、酸化安定性に優れているのが特徴です。主として、すべり案内面専用のものと、油圧作動油との兼用のものとに分類されます。

　軸受油は名前の通り機械の軸受に使用される潤滑油です。VGグレードは2〜460程度に相当します。

　潤滑油に求められる主な性能は、①スティックスリップを抑制する潤滑性をもつこと、②境界潤滑に耐える粘性をもつこと、③酸化や熱に対し安定で、金属を腐食させないことなどがあげられます。

表2-2 | 工業用潤滑油 ISO 粘度グレード

ISO 粘度グレード番号	動粘度 cSt（40℃）	ISO 粘度グレード番号	動粘度 cSt（40℃）
ISO VG 2	2.2	ISO VG 100	100
ISO VG 3	3.2	ISO VG 150	150
ISO VG 5	4.6	ISO VG 220	220
ISO VG 7	6.8	ISOVG 320	320
ISO VG 10	10.0	ISO VG 460	460
ISO VG 12	15.0	ISO VG 680	680
ISO VG 22	22.0	ISO VG 1000	1000
ISO VG 32	32.0	ISOVG 1500	1500
ISO VG 46	46.0	ISO VG 2200	2200
JSO VG 68	68.0	ISO VG 3200	3200

要点 ノート

潤滑油は摺動部などの摩擦を軽減するために使用される油を示し、作動油はダンパーなど油が機構の1つとして使用される油を示します。両者はVGグレードが同じであれば性能も同一と思われることがありますがまったくの別物です。

83

【3】油の種類を知ろう

切削油剤の役割と求められる性能

❶切削油剤の作用

切削工具を金属（工作物）に押し当て、金属が切りくずとして排出される際、切りくずになる部分には大きな変形が生じます（**図2-15**）。金属は変形すると熱を発生する性質があるため、金属が切りくずとして引きちぎられる点（切削工具と工作物が接触する点：切削点）は600〜1000℃程度の高温になります。切削点で生じる熱を「切削熱」といいます。切削熱が高くなると工作物が膨張するため加工精度が悪くなり、また切削工具は軟化するため工具寿命が短くなります。さらに、切削熱が高くなると工作物に熱的ストレスが作用し、歪みが生じる原因になります。つまり、金属加工では切削熱を抑制・除去することが大切で、切削点の近傍に切削油剤を供給します。

切削油剤の作用は主として①潤滑作用、②冷却作用、③切りくずの運搬作用の3つです。とくに潤滑作用と冷却作用は切削油剤に求められる1次性能です（**図2-16**）。

①潤滑作用：切削油剤が切削工具と切りくずまたは工作物（仕上げ面）の間に入り込み、摩擦の低減を促します。潤作作用によって切削熱を抑制し、工具寿命の延長や仕上げ面性状の向上、切削動力（消費電力）の軽減がされます。また、潤滑作用には切削熱により溶けた工作物の一部が切削工具の切れ刃先端に付着する溶着（凝着）を防止する作用もあります。

②冷却作用：切削熱を除去するもので、切削熱を取り除くことにより、工作物の膨張と切削工具の軟化を抑制し、加工精度の向上や工具寿命の延長に効果があります。ただし、マシニングセンタは切削工具が回転するため、工作物を削る際、チップは切削と非切削を繰り返します。つまり、急加熱（切削時）と急冷却（非切削時）を繰り返すことになるため、冷却効果の高い切削油剤を供給すると、温度の急激な変化によって熱亀裂が生じ、工具寿命を短くすることもあるので注意が必要です。

③切りくずの運搬作用：切削点や工作物上に堆積した切りくずを取り除く働きです。切削点や工作物に切りくずが堆積すると、切削時に切りくずを噛み込んでしまい突発的にチップが欠けることがあります。

❷切りくずはすぐに機外へ運ぶ

切りくずは切削時の力と熱の影響により、本来の硬さよりも硬くなっているため、噛み込むとチップは欠けてしまいます。切削時の力と熱の影響で本来の硬さよりも硬くなる現象を「加工硬化」といいます。また、切りくずが工作物やテーブルに堆積すると切りくずの熱によって工作物が膨張し、テーブルも熱変位が生じます。このため、加工精度が悪くなってしまいます。したがって、切りくずは切削点、工作物から速やかに排除し、マシニングセンタの機外へ運ぶことが大切です。

図 2-15 切削点での現象

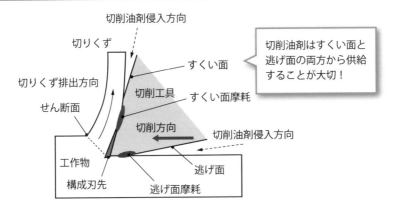

図 2-16 切削油剤に求められる性能

1次性能
・潤滑作用
・冷却作用
・切りくずの運搬作用
など

2次性能
・耐腐敗性
・防錆性
・消泡性
など

3次性能
・価格
・環境性
・安全性
など

切削油剤の性能評価は多種多様。

要点 ノート

切削油剤に求められる性能には、浸透性、防錆効果、低劣化性、消泡性、作業性（ミストの発生や発煙、引火の危険性がないこと）、などがあり、2次性能といわれます。価格、環境性、安全性（消防法）は3次性能です。

【3 油の種類を知ろう

切削油剤の種類①
不水溶性切削油剤

❶4種類に分けられる

　切削油剤の種類は原液のまま使用する「不水溶性切削油剤」と、水に希釈して使用する「水溶性切削油剤」の2つに大別されます。主として、不水溶性切削油剤は潤滑性や耐溶着性を重視する場合に、水溶性切削油剤は冷却性能を重視する場合に使用されます。

　近年のマシニングセンタは主軸が高速で回転し、切削熱が高くなる傾向にあるため、水溶性切削油剤が使用されることが多くなっています。

　不水溶性切削油剤、および水溶性切削油剤の主成分（基油：ベースオイル）は、鉱物油または植物油、化学的に配合された合成油のいずれかが使用され、潤滑性、耐溶着性、浸透性などを向上させるために数種類の添加剤が投与されています（**図2-17**）。

　日本工業規格（JIS）では、不水溶性切削油剤を成分と銅板に対する腐食性から4種類（N1、N2、N3、N4）に分類し、N1、N2、N3を不活性タイプ、N4を活性タイプとしています（**表2-3**）。

①**N1**：4種類のうちもっとも不活性で、腐食しやすい非鉄金属（銅および銅合金）や鋳鉄の加工に適しています。

②**N2**：もっとも汎用的で切削加工全般に適しています。

③**N3およびN4**：極圧添加剤としての硫黄が投与されています。このため、耐溶着効果が高く、良好な仕上げ面が得られやすいことが特徴で、難削材の加工に適しています。とくにタップ加工、リーマ加工、ブローチ加工など切削速度が低い加工では効果的です。ただし、硫黄によって鉄系材料でも変色することがあり、アルミニウム合金や銅合金では黒くなるので使用には注意が必要です。

❷分類に該当しないものも多い

　このように、日本工業規格ではN1～N4の基準を定めていますが、実際にはこれらの分類に該当しないものも多く市販されており、切削油剤のメーカ各社では加工方法や工作物材質に特化したさまざまな油剤を開発しています。

　不水溶性切削油剤は水溶性切削油剤に比べて腐敗しにくく、水垢が発生しな

86

いことが利点ですが、切削熱によって引火する恐れがあるため24時間無人・自動運転される生産現場では注意が必要です。また、不水溶性切削油剤は消防法による危険物に該当するものが多いため、法令に基づいた保管、措置が必要です。

図 2-17 不水溶性切削油剤の分類

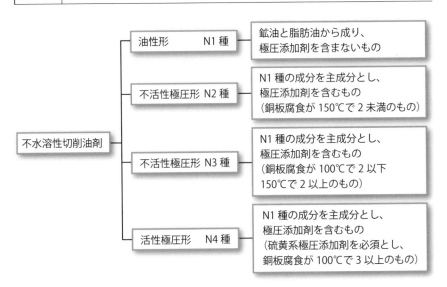

表 2-3 不水溶性切削油剤の JIS による分類と適用例

種類		極圧添加剤	銅板腐食		適用例
			100℃、1h	150℃、1h	
N1種	1号～4号	含まない	―	1以下	非鉄金属（銅および銅合金）の加工 鋳鉄の切削加工
N2種	1号～4号	含む	―	2未満	汎用油剤、一般切削加工に幅広く使用
N3種	1号～8号	含む	2以下	2以上	難削材の低速加工
N4種	1号～8号	含む	3以下	―	仕上げ面精度の厳しい加工

要点 ノート

不水溶性切削油剤はマシニングセンタの切削油剤タンクの容量と同じ量だけ必要になりますが、水溶性切削油の場合は水道水に希釈するため、原液の量はそれほど必要ありません。経済的観点では水溶性切削油剤は優位です。

【3 油の種類を知ろう

切削油剤の種類②
水溶性切削油剤

❶希釈倍率と濃度

　水溶性切削油剤は水に希釈して使用するため冷却性に優れます。発火の危険性がないため、無人・自動運転に適しています。ただし、腐りやすく管理が難しいこと、水垢が発生することなどが欠点です。通常、水溶性切削油剤は10倍〜80倍に希釈して使用します。希釈する際は水道水に油剤の原液を入れます。原液に水道水を入れると、原液が水に均一に溶けにくいので手順を間違えてはいけません。補充する際も希釈したものを使用します。水だけを補充すると濃度が薄くなりサビの原因になります。マシニングセンタの切削油剤のタンク容量が200ℓで、20倍希釈をつくりたいときは、10ℓの原液と水道水190ℓを混ぜ、全体で200ℓになればOKです。原液の量に希釈倍率で掛けた値が全体の量になります。ちなみに、濃度で表すと5%になります。

❷3種類に分けられる

　日本工業規格（JIS）では、水溶性切削油剤を含有成分と外観の色から3種類（A1、A2、A3）に分類しています（図2-18、表2-4）。

①A1：「エマルション」と呼ばれ、水に希釈すると乳白色になります。鉱物油が多く含まれているため3種類のうちもっとも潤滑性に優れています。ただし、べたつきがあり、マシニングセンタや工作物に残りやすく、洗浄が必要になることがあります。防腐性はA2（ソリュブル）よりも劣ります。

②A2：「ソリュブル」と呼ばれ、水に希釈すると半透明ないし透明になります。浸透性と冷却性に優れていますが、潤滑性はA1（エマルション）より劣ります。

③A3：「ソリューション」と呼ばれ、水に希釈すると透明になります。浸透性と冷却性に優れていますが、基油を含有していないため潤滑性はほとんどありません。浸透性が高いため、塗装へのダメージや肌荒れが起こりやすい油種です。

　切削油剤のメーカは国内外で非常に多く、添加剤などメーカ特有の配合をした切削油剤もあり、実際にはJISの分類に即さないものも多く市販されています。したがって、工作物の材質やチップの種類、切削条件などを考慮して適切

なものを選択することが大切です。添加剤の種類によって、切削性が良くても塗装や配管のパッキンなどを劣化させる恐れがあるため注意が必要です。

図 2-18　水溶性切削油剤の分類

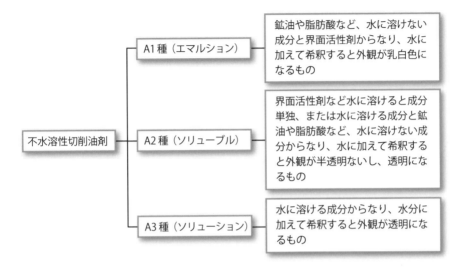

表 2-4　水溶性切削油剤の JIS による分類と適用例

JISによる分類		特徴	適用例
種類	外観		
A1種	乳白色（エマルション）	水溶性切削油剤の中でもっとも潤滑性が高い。	鋳鉄、非鉄金属（アルミニウム、銅、およびその合金）、鋼の切削加工
			硫黄系極圧添加剤を含有するものは、鋼の低速加工などの重切削加工
A2種	半透明ないし透明（ソリュブル）	エマルションに比べると洗浄性、冷却性が高い。	鋳鉄、非鉄金属（アルミニウム、銅、およびその合金）、鋼の切削加工や研削加工
A3種	透明（ソリューション）	消泡性に優れる。冷却性が高い。	鋳鉄の切削加工 鋳鉄、鋼の研削加工

※外観は希釈時のものであり、カッコ内の表記は一般的な呼称を示す。

要点　ノート

極圧添加剤は一定の温度で活性になって金属と反応し、潤滑性を高める効果をもちます。つまり、切削点温度を極圧添加剤が活性する温度まで上げないと、極圧添加剤の効果は得られません。

【3 油の種類を知ろう

水溶性切削油剤の管理
（切削油剤は生きている）

❶腐敗する原因

　夏の暑い時期になると切削油剤特有の匂いが漂うことがあります。この匂い
は水溶性切削油剤に含まれる添加剤が微生物（バクテリア）の栄養源になり、
水溶性切削油剤が劣化・腐敗することによって生じます。微生物は空気中に存
在するため混入を防ぐことはできません。

　水溶性切削油剤の劣化・腐敗が進むと、本来の切削性能が失われるほか健康
被害に繋がります。このため、水溶性切削油剤は腐敗しないよう管理しなけれ
ばいけません。不水溶性切削油剤は使用期間が長くなると酸化や乳化が進み、
性能は劣化しますが腐敗はしません。

　水溶性切削油剤が腐敗する原因には主として①濃度の低下、②潤滑油の混
入、③切りくずの混入があげられます。切削油剤はメーカが規定した推奨濃度
の範囲内において本来もつ性能が発揮されるように設計されているため、推奨
濃度の範囲を超える（薄くなったり、濃くなったりする）と、防腐性や抗菌性
の性能も失われます。また、切削油剤に潤滑油などの他油が混入すると、他油
に含まれる添加剤が切削油剤に含まれる添加剤と混ざり、添加量のバランスが
崩れ、劣化・腐敗の進行を促進します。他油が混入すると比重の差によって、
切削油剤の上面に浮上します。浮上した油は除去すれば除去できます。自動で
浮上油を除去する「オイルスキマー」と呼ばれる装置も市販されています。切
りくずが切削油剤に混入すると、切削油剤の添加剤が切りくずに付着し、添加
量のバランスが崩れます。また、切削油剤の中に切りくずが長期間滞留する
と、切りくずから金属元素が溶出し、切削油剤の成分を乱すことになります。
切りくずは、紙フィルタやマグネットフィルタを使用して除去することが大切
です。

❷管理方法

　切削油剤の管理方法には、主として、①匂い、②外観色、③pH（ペー
ハー）、④濃度があります。水溶性切削油剤は劣化・腐敗が進むと匂いがきつ
くなり、白濁してきます（**表2-5**）。①匂いと②色はもっとも簡単な判定法で
す。③pHは酸性またはアルカリ性の度合いを示す指標で、0〜14の範囲で表

します。7が中性で、0に近づくほど酸性が強くなり、14に近づくほどアルカリ性が強くなります。水に溶かした直後の水溶性切削油剤はおおむね8～10の弱アルカリ性で、劣化・腐敗が進むとpHが落ち、酸性になります。pHを測定し、8～10をキープすることが大切です。

④濃度は濃度計や屈折計を使用することで測定できます。濃度が推奨濃度内であることを確認します。濃度が高い場合には水のみを供給するのではなく、薄めに希釈した同種の水溶性切削油剤を供給することで濃度および添加剤の含有量と割合を維持することができます。水のみを供給すると濃度は改善されますが添加剤の含有量と割合が崩れ、本来の性能を発揮できず、寿命が短くなってしまいます。また切削油剤の補給は1回にまとめて行わず、数回に分けて行う（たとえば1日1回30ℓではなく、半日に1回15ℓ補給）方が安定します。

切削油剤は金属加工にとって非常に重要な役割を果たすアイテムですが、あまり気にとめられないのが現状です。切削油剤は化学製品でデリケートな部分が多いため、しっかりと管理し、本来もつ性能を長く発揮できるよう努めることが大切です。

表 2-5 | 水溶性切削油剤使用液の管理項目と意義

項目	意義
外観	油剤の色相変化、浮上油分の有無を観察し、油剤の劣化、他油混入の目安となる
臭気	油剤の腐敗臭気を観察し、腐敗の徴候を事前察知する
pH	油剤の劣化、腐敗により生じるpH低下を察知し、劣化によるサビの発生、腐敗化の防止のための目安となる
濃度	油剤の諸性能を十分に活用するため、規定の濃度を維持させる必要がある
他油混入量	他油の混入による油剤の劣化促進、および浮上油分のクーラント表面の被覆による腐敗促進を防ぐため、他油混入量はつねに把握する必要がある
サビ止め性	油剤のサビ止め性を評価し、現場での被削材、工作機械などのサビ発生トラブルを防止する
腐敗試験	油剤の腐敗傾向を定量的にチェックし、腐敗によるトラブル発生を事前に防止する

要点 ノート

複数のマシニングセンタに入っている切削油剤の管理を行う場合には、管理責任者を1名決めることが大切です。判定する人によって判定基準が変わらないように定量的に管理することが大切です。

【4】工作物の取付け

マシンバイスによる工作物の取付方法と加工精度の追求

❶取付精度の確認が必要

　マシニングセンタで工作物の固定に多く使用されるのは「マシンバイス」です。マシンバイスはテーブル上に取り付けて使用しますが、マシンバイスをテーブルに取り付けるときから加工精度の追求が始まっています。たとえば、マシンバイスがX軸やY軸に対して傾いている場合には平行に加工できず、マシンバイスの底面とテーブルの間に切りくずやゴミが挟まっていて、Z軸に対して傾いている場合には直角を加工することはできません。

　マシンバイスをテーブルに取り付けるとき、工作物をマシンバイスに取り付けるとき、両方の作業で取付精度の確認が必要です。マシニングセンタ加工は段取り作業を含め1つひとつのていねいな作業の積み重ねが加工精度の追求に繋がります。

　具体的には、**図2-19**に示すように、ダイヤルゲージのスピンドルをマシンバイスの固定側口金および工作物を設置する摺動面に押し当てて、マシンバイスの取付精度（平行、垂直）を確認します。また、工作物をマシンバイスに取り付けたときにも、ダイヤルゲージのスピンドルを工作物の上面および側面に押し当てて、取付精度（平行、垂直）を確認します。

　マシンバイスは平行、直角など3次元形状をつくる基礎です。加工を行う前には必ずマシンバイスが平行、直角に取り付いているかを自身の目で確認し、決して人任せにしてはいけません。人任せにするということは加工精度を放棄していることと同じです。

❷強く掴まない!!

　マシンバイスで工作物を挟む際、強く締めすぎると、工作物が曲がったり、浮きあがったりします。安全のためには強く掴んだ方が良いのですが、加工精度の観点からすると、強く掴むことは好ましくありません（**図2-20**）。工作物を強く掴むほど、工作物にはストレスが作用し、歪みの原因になります。工作物を掴む力の目安は切削力に耐え得る程度です。

　工作物を掴む力が切削力よりも若干でも勝っていれば工作物は動きません（マシンバイスから外れることはありません）。つまり、加工条件によって工作

物を掴む力を変えることが大切で、荒加工など切込み深さが大きい（切削力が大きい）ときには強い力で掴み、仕上げ加工など切込み深さが小さい（切削力がと小さい）ときには弱い力で掴みます。この考え方は押さえ金を使用する際や旋盤加工のチャックでも同じです。また、マシンバイスは締付力と口金のたおれや摺動面の平行度には一定の関係があり、もっともクランプ精度が安定する締付力が存在しますので、このことも覚えておいてください。

図 2-19 ダイヤルゲージによるマシンバイスの取付精度の確認

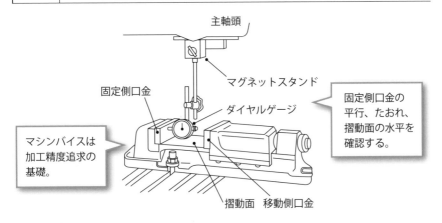

図 2-20 工作物の取付精度の確認

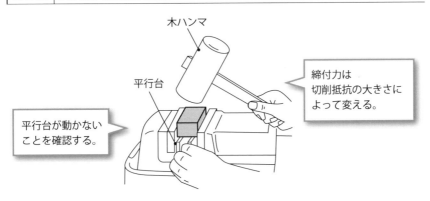

> **要点 ノート**
> 加工精度の追求は加工現象だけではなく、加工を行う前の準備段階（段取り作業）から始まっていることを覚えておいてください。機械加工は正確な作業の積み重ねが加工精度の追求に繋がります。この考え方が大切です。

【4 工作物の取付け

押さえ金による
工作物の取付けと注意点

❶工作物を直接テーブル上に設置する時の注意点

　マシニングセンタではマシンバイスを使用せずに、工作物を直接テーブル上に設置することもあります。この際は、図2-21に示すように、押さえ金を使用して工作物を固定しますが、いくつかの注意点があります。

①**押さえ金がテーブルと平行になるように取り付ける**：押さえ金の高さを調整するブロック（またはジャッキ）を工作物と同じ高さになるようにし、押さえ金がテーブルと平行になるようにします。もし、押さえ金の高さを調整するブロックまたは工作物のいずれかが高く、押さえ金が傾いている場合には、工作物の固定力が弱くなり、加工中に工作物が動くことがあります。

②**締付ボルトは工作物に近い側で締め付ける**：締付ボルトは工作物に近い側で締め付けます。締付ボルトの位置が工作物から離れるほど、締付力が弱くなるため、加工中に工作物が動くことがあります。

③**平行台の真上を固定する**：平行台などを使用して工作物をテーブルから浮か

図 2-21 　押さえ金を使用して工作物の固定（注意点）

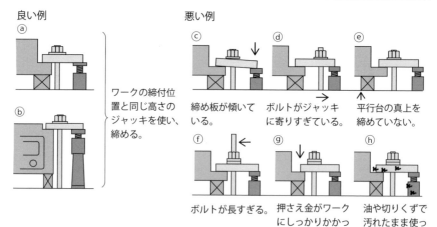

第2章 これだけは知っておきたい段取りの基礎知識

せている場合には、平行台の位置と締め金の位置が一致していることが大切です。両者が一致しない状態で工作物を固定すると、平行台を支点にして工作物がたわんでしまいます。

④**締付ボルトの突き出し量は短くする**：締付ボルトが長すぎて、押さえ金から突出しすぎると、加工中、切削工具や主軸が干渉する危険があるため、締付ボルトは工作物の上面を超えない程度のものを使用します。

⑤**押さえ金は工作物にしっかりと被せる**：押さえ金が工作物にしっかりと被っていないと、確実な固定ができません。押さえ金は工作物にしっかりと被せることが大切です。

⑥**押さえ金と工作物の接触面に切りくずやゴミがないようにする**：押さえ金と工作物の接触面に切りくずやゴミ、チリが堆積していると、噛み込んでしまい安定した固定ができません。押さえ金および工作物の周辺はきれいに清掃し、清潔に保つことが大切です。

❷押さえ金を使用した良い例

図2-22に、押さえ金を使用した工作物の取付けの良い例を示します。良い例は工作物の締め付ける高さと、押さえ金の高さを調整するブロック（またはジャッキ）が同じ高さで、押さえ金がテーブルと平行になっています。また、②〜⑥に示したことが実行できています。押さえ金を使用して工作物を取り付ける際には、上記のことを確認し、確実な取付けを心がけてください。

図 2-22 　押さえ金を使用して工作物の固定（良い例と悪い例）

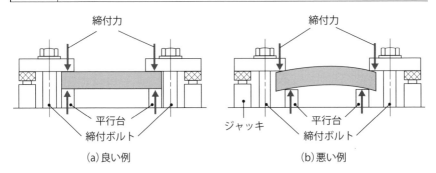

(a) 良い例　　　　　　　　　　(b) 悪い例

> **要点 ノート**
> 締付ボルトはナットを締めるほど引張りの力を受けます。過度に強い力で締め付けるとボルトが破断することがあるので注意が必要です。また、切削抵抗に合わせて、荒加工は強め、仕上げ加工は弱めに締め付けます。

5 ワーク座標系の設定

機械原点とワーク原点

❶座標系の中心である原点を決める

　マシニングセンタを自動で動かすためにはNCプログラム作成する必要があります。NCプログラムは主軸やテーブルの動きを座標系（座標値）で指示しますが、まずは座標系の中心である原点を決めなければいけません。

　マシニングセンタは機械固有の座標系をもっています。この座標系を「機械座標系」といい、機械座標系の原点を「機械原点」といいます（図2-23）。

　通常、立て形マシニングセンタの機械原点は各軸のプラス方向のストロークエンドに設定され、横軸マシニングセンタの機械原点はY軸とZ軸はプラス方向のストロークエンドに、X軸はストロークの中央にそれぞれ設定されています。機械原点は機械原点復帰（G28）指令した際、各軸が停止する位置です。

　NCプログラム（ツールパス：切削工具の動く経路）は図面の形状に倣って作成しますが、このとき、機械原点を基準に座標値を考える（機械座標系の座標値で考える）とわかりにくいので、作業者が都合の良い任意の位置を座標軸の原点に設定することができます。この座標系を「ワーク座標系」といい、ワーク座標系の原点を「ワーク原点」といいます。

図 2-23 | 機械原点

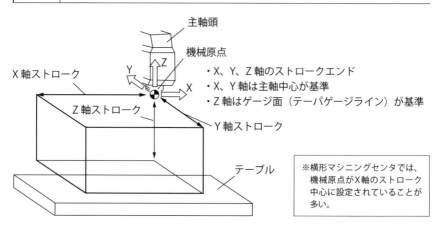

通常、ワーク原点は工作物上面の中心または角などツールパスの座標値を考えやすい位置に設定します。ワーク原点はNCプログラムを作成するための原点ですので「プログラム原点」とも呼ばれます。

❷原点を使い分ける

ワーク原点（ワーク座標系）はG54〜G59で設定でき、最大6個つくることができます（図2-24）。テーブル上に複数の工作物を設置し、各工作物にワーク原点をつくることで1つのプログラムで同一形状の加工を連続して行うことや、複数のプログラムを使用することによって異なる形状の加工を連続して行えます。

機械原点はメーカが決めた既定の座標原点、ワーク原点はユーザが都合の良い位置に任意に設定できる原点です。

NCプログラムで指令するX、Y、Zの位置は主軸頭のゲージ面（テーパゲージライン）の中心が基準になります。つまり、テーパゲージラインの中心でツールパスを描くということです。ゲージ面（テーパゲージライン）はNCプログラムを作成する際の主軸の基準点で、テーパの最大外径（基準寸法）の位置のことです。

図 2-24 ワーク座標系の設定

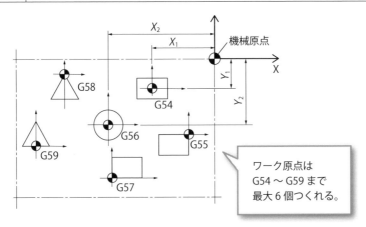

ワーク原点は
G54〜G59まで
最大6個つくれる。

要点 ノート

機械原点とは別にリファレンス点（R点）という座標があります。リファレンス点は工具交換位置などに設定されていることが多いですが、機械原点とリファレンス点を同じ座標に設定していることもあります。

【5】ワーク座標系の設定

インクリメンタル指令と
アブソリュート指令

❶NCプログラムの指令方法

　NCプログラムの指令方法には、①インクレメンタル指令と②アブソリュート指令の2つの方法があります（**図2-25**）。

①インクレメンタル指令：現在位置の座標値から移動先の座標値までの移動量を指令する方法で、移動量をプラス値で指令すればプラス方向へ、マイナス値で指令すればマイナス方向へ動きます。このため、インクレメンタル指令は増分値指令ともいわれます。インクレメンタル指令のGコードはG91です。

②アブソリュート指令：プログラム原点を基点として移動先の座標値を直接指令する方法で、絶対値指令ともいわれます。アブソリュート指令のGコードはG90です。

　たとえば、現在、主軸がX軸100、Y軸100の座標にあるとして、インクレメンタル指令でX200、Y200と入力すると、指令された数値は増分値を表すため主軸はX軸300、Y軸300の位置に移動します。一方、アブソリュート指令でX200、Y200と入力すると、指令された数値は絶対値を表すため主軸はX軸200、Y軸200の位置に移動します。

❷アブソリュートとインクリメンタルの使い分け

　アブソリュート指令は座標の絶対値を指令するので、切削工具（主軸）の位置が簡単に把握しやすいこと、座標値の指令ミスがあった場合や設計変更にともない運動経路を修正する場合、修正したい箇所の座標値のみ修正すれば良いことなどが利点です。

　一方、インクレメンタル指令で座標値の指令ミスがあった場合、修正した点以降、すべての座標がズレることになります。したがって、主となるプログラムはアブソリュート指令で行い、必要に応じてインクレメンタル指令を使用するのが好ましいといえます。ただし、アブソリュート指令はインクレメンタル指令に比較してNCプログラムが長くなることが欠点です。

　X軸、Y軸、Z軸を同時に指令し、3軸を同時に動かすことは可能ですが、一般にはX-Y軸、Y-Z軸、Z-X軸のいずれか2軸を同時に指令します。

図 2-25 | インクリメンタル指令とアブソリュート指令

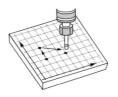

①インクレメンタル指令　　②アブソリュート指令

図 2-26 | 主軸の基準点はテーパゲージラインの中心

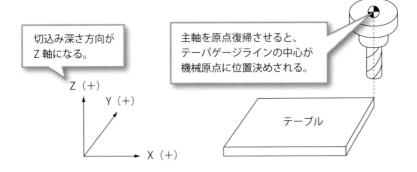

切込み深さ方向がZ軸になる。

主軸を原点復帰させると、テーパゲージラインの中心が機械原点に位置決めされる。

図 2-27 | 主軸の基準点はテーパゲージラインの中心とゲージ面（テーパゲージライン）

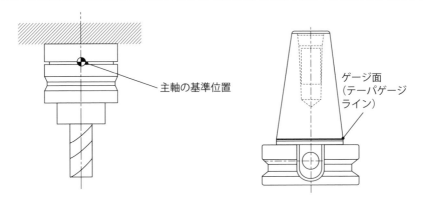

主軸の基準位置

ゲージ面（テーパゲージライン）

要点 ノート

マシニングセンタの座標系は主軸の動きを基準に考えますが、主軸の基準点はゲージ面（テーパゲージライン）に設定されています。ゲージ面の中心が指令した座標値に移動することになります（図 2-26、2-27）。

【6 切削工具の準備

ツールセッティング①
工具長補正の設定

❶マシニングセンタで使用する切削工具は多種多様

　マシニングセンタは自動工具交換機能（ATC）を備え、数種類の切削工具を使い分けながら加工を行います。切削工具は正面フライスやエンドミル、ドリルなど短いものから長いもの、小径のものから大径のものさまざまで、使用する切削工具の長さや直径を考慮してNCプログラムを作成・修正すると非常に不便です。そこで、マシニングセンタでは工具長や工具径を便宜上無視することができる指令があります。この指令を「工具長補正」「工具径補正」といいます。ここでは工具長補正の考え方から説明しますが、以下の説明はわかりやすいように、立て形マシニングセンタで、テーブル（工作物）は動かず、主軸がX軸、Y軸、Z軸の3軸すべての方向に動くと仮定して解説します（図2-28）。

❷テーパゲージラインが基準

　ワーク原点を設定する際、マシニングセンタのNC装置はワーク原点の位置を本来もっている機械原点からの移動量（距離）で把握することになります。たとえばワーク原点を工作物の上面の中心に設定した後、X0、Y0、Z0に移動と指令すると、主軸端（ゲージ面）が工作物の上面の中心に接触することになります。しかし、実際の加工では主軸には切削工具が付いているので、切削工具が工作物に衝突することになります。このため工具長だけZ軸のプラス方向にだけ逃がさなければいけません。マシニングセンタで使用する切削工具は多種で、それぞれ工具長が異なるため、切削工具の刃先がワーク原点に至るまでの移動量が異なります。

　そこで、あらかじめ切削工具の長さ（工具長）を測定しておき、切削工具ごとの工具長をNC装置に入力し、Z軸のプラス方向に補正する距離を変えることで、工具長（切削工具の種類）に関係なく、主軸端（ゲージ面）をワーク原点として考えることができます。このような考え方が「工具長補正」です。

　したがって、段取りの中で使用する切削工具の工具長（ゲージ面（テーパゲージライン）から工具先端までの距離）を測定しておく必要があります。工具長は「ツールプリセッタ」と呼ばれる測長器で測定します（図2-29）。

図 2-28 | 工具長補正の考え方

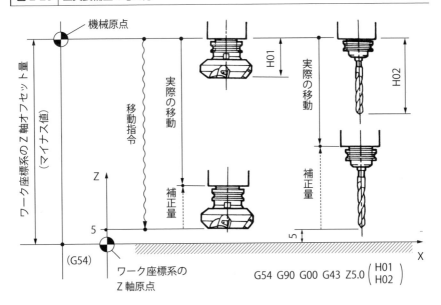

G54 G90 G00 G43 Z5.0 $\begin{pmatrix} H01 \\ H02 \end{pmatrix}$

図 2-29 | 工具長の測定

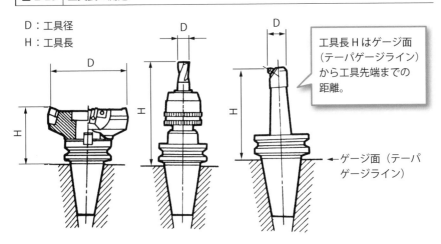

D：工具径
H：工具長

工具長 H はゲージ面（テーパゲージライン）から工具先端までの距離。

要点 ノート

現在では機内にレーザ測長器を装備したマシニングセンタもあり、レーザ測長器を使用すると自動で工具長と工具径を測定し、NC 装置に記憶できるようになっています。

【6 切削工具の準備

ツールセッティング②
工具径補正の設定

❶主軸（切削工具）の中心を基点にNCプログラムを作成

　マシニングセンタで使用する切削工具は小径のものから大径のものまで外径が異なるものが多種多様です。NCプログラムは主軸の中心（切削工具の中心）を基点に、移動経路を座標値で指令します。そうすると、たとえば、エンドミルを使用して輪郭形状を加工した場合、切削工具の半径分だけ削りすぎることになります。

　そこで使用するエンドミルの半径値をあらかじめマシニングセンタに入力しておき、実際にエンドミルが移動する場合には、座標値から半径値だけズレた経路を移動するように指令できる機能を「工具径補正」といいます（**図2-30**）。つまり、工具径補正を指令することによりエンドミルの外径を考慮する必要なく、主軸（切削工具）の中心を基点にNCプログラムを作成すれば良いことになります。

❷加工代を調整できる

　工具径補正量にはエンドミルの半径値を入力するだけでなく、荒加工から仕上げ加工を行う過程で任意の工具径補正量を入力することにより、半径方向切込み深さを調整でき、適当な仕上げ代を残すことができるため、荒加工を数回行うことや、中仕上げ加工を行うなどが自由にできます。また、荒加工と仕上げ加工を同じNCプログラムで加工できることも利点です。

　工具径補正は①切削工具の進行方向に対して左側にズレる場合と、②切削工具の進行方向に対して右側にズレる場合の2種類があり、切削工具の進行方向に対して左側にズレるよう指令するには「G41」を、切削工具の進行方向に対して右側にズレるよう指令するには「G42」を入力します（**図2-31**）。そして、「G40」を指令することにより工具径補正を解除することができます。切削工具の進行方向に対して左側にズレる場合には「下向き削り」、切削工具の進行方向に対して右側にズレる場合には「上向き削り」になります。下向き削り、上向き削りに関しては140頁を参照してください。

　なお、工具径補正は、早送りによる位置決め指令（G00）または直線運動による切削送り指令（G01）と同じブロックで指令しなければいけないルールがあります。

第2章 これだけは知っておきたい段取りの基礎知識

図 2-30 | 工具径補正の考え方

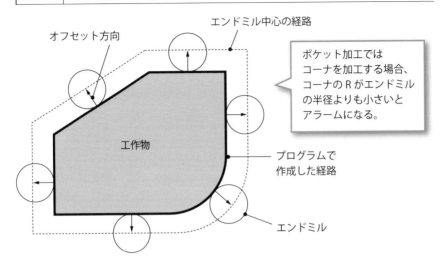

図 2-31 | 工具径補正（進行方向の右側と左側）

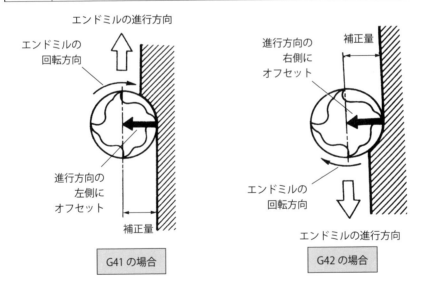

> **要点 ノート**
> エンドミルが仕上げ形状に倣うツールパスに進入または退出する際には円弧で接続すると窪みを生じにくく、滑らかに仕上げることができます。これは高速道路の進入と同じように運動精度を安定させるためにです。

❰6❱ 切削工具の準備

切削油剤の供給方法
（内部給油と外部給油）

❶クーラントと呼ばれる理由

　切削工具で金属を削り取るとき、削り取られる部分（切削工具の刃先と工作物が接触する部分）は急激な変形が生じ、この変形によって熱が発生します。一般に、切削点の温度は600～1000℃程度といわれていますが、切削条件によって変わります。切削点の温度が高くなるほど工作物に熱影響が生じ、切削工具の寿命が短くなるため、金属切削では熱の抑制と除去、切りくずの運搬を目的として切削油剤を供給します。生産現場では加工コストを低減するため高能率に加工することが求められ、短時間に多くの切りくずを排出することから加工時に発生する熱は一層高くなり、切削油剤の役割は潤滑よりも冷却が主流になりました。これにともない切削油剤はいつしか「クーラント」と呼ばれるようになったのです。

❷クーラントの供給方法

　切削油剤はノズルを使って切削点に供給する①外部給油方式と、切削工具の内部を通して切削点に供給する②内部給油方式の2種類があります（**図2-32**）。
①外部給油方式：主軸近傍に取り付けられたノズルから切削油剤を供給する一般的な方法です。
②内部給油方式：主軸、ホルダ、切削工具にあけた穴から切削油剤を供給する方法です（**図2-33**）。切削油剤を切削点近傍に的確に供給することができるため、外部給油方式よりも潤滑・冷却効果に優れます。ただし、内部給油方式には①主軸、ホルダ、切削工具ともに内部給油方式に適用したものを揃える必要がありコスト的な課題を有する、②自動工具交換時にはホルダに残留した切削油剤をポンプで吸い上げるため交換時間が若干長くなる、③切削油剤は細い配管および切削工具にあいた油穴を通って供給されるため、配管や油穴に切りくずやゴミが詰まらないよう対策が必要である、④ホルダおよび切削工具の内部に油穴があいているので剛性が弱くなる、というような欠点もあります。

　外部給油方式では通常、切削油剤を供給するポンプは0.5Mpa程度の低圧ポンプですが、内部給油方式の場合1.5Mpa程度の高圧ポンプが使用されます。近年、旋削では30Mpaの超高圧クーラントが開発されています。内部給油方式は

104

切削油剤が主軸中心および切削工具の中心を通り吐出する（軸心給油）の「(a) センタスルー方式」と、ホルダから切削工具の油穴に切削油剤を記供給する「(b) サイドスルー方式」の2種類があります。

図 2-32 | 外部給油と内部給油

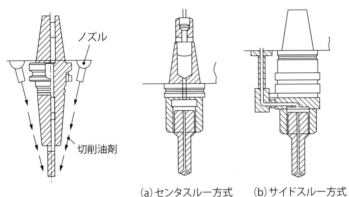

① 外部給油　　(a) センタスルー方式　(b) サイドスルー方式
　　　　　　　　　　② 内部給油

図 2-33 | 内部給油用（切削油吐出口をもった）ドリルとタップ

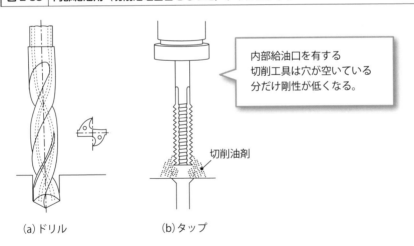

(a) ドリル　　(b) タップ

内部給油口を有する切削工具は穴が空いている分だけ剛性が低くなる。

要点 ノート
センタスルー方式は冷却効果が高いですが、主軸、ホルダ、切削工具の構造が複雑になっているため、外部給油方式に比べると全般において剛性が若干劣ります。

【7】 切削工具の特性

ドリルの基本特性を知る

❶構造による使い分け

　ドリルは穴をあけるために使用する切削工具です。ドリルには高速度工具鋼製（ハイス製）と超硬合金製がありますが、高速度工具鋼製ドリルは超硬合金製ドリルに比べて剛性が低く、曲がりやすいため加工精度が劣ります。

　また、高速度工具鋼は耐熱温度が約600°であるため切削点温度が600℃に達しない条件で使用することが必須になり、切削速度はおおむね30m/min以下が目安になります。一方、超硬合金製ドリルは耐摩耗性、耐熱性に優れているため切削速度を高く、送り量を大きくすることができます。このため、高精度・高能率加工を得意とするマシニングセンタでは高速度工具鋼製ドリルは使用されず、主として超硬合金製のドリルが使用されます。

　近年では、チップ交換式やヘッド交換式のドリルも普及しています。ボデーと刃部が1つの材料からつくられたソリッドタイプ（ソリッドは固体という意味）のドリルは切れ刃が欠損・摩耗した際、グラインダで再研削する必要がありましたが、チップ交換式やヘッド交換式のドリルはチップまたはヘッドを交換するのみで使用できるため便利です。

　また、刃先交換式ドリルやヘッド交換式ドリルでは工作物の材質や切削条件に合わせてチップの材質や形状（とくにチップブレーカの形状）を適宜選択できる利点もあります。つまり、用途や目的に合わせてドリルを購入する必要がなく、ボデーを1本だけ購入し、加工環境に合わせてチップやヘッドを使い分ければ良いので経済的にも負担が減ります。

❷先端角の大きさ

　高速度工具製のドリルの先端角は118°ですが、超硬合金製のドリルは120°〜140°のものが多くあります。超硬合金は硬い一方で欠けやすいため、刃先強度を高めるため多少角度が大きくなっています。同様な理由で、鉄鋼材料やステンレス鋼など比較的硬い工作物に穴あけを行う場合には刃先の強度を高くするため先端角を130〜140°と大きめなものを、アルミニウム合金など比較的軟らかい工作物に穴あけを行う場合には食い込みやすさを優先して、先端角を90°〜110°程度と小さめなものを使用すると良いでしょう。

❸先端角による切削特性の違い

ドリル1回転あたりの送り量fが同じ場合、先端角の違いによって切れ刃と工作物の接触長さL（切削に作用する切れ刃長さ）および切れ刃が工作物を切り取る量h（切れ刃と直角方向の切取り量）が異なります（**図2-34**）。

先端角が小さい場合（90°の場合）には、切れ刃と工作物の接触長さLが長くなり、切れ刃に直角な切取り量hは小さくなります。一方、先端角が大きい場合（130°の場合）には、切れ刃と工作物の接触長さLが短くなり、切れ刃に直角な切取り量hが大きくなります。切取り量hは切りくず厚さに相当するため、先端角が大きいドリルでは切りくず厚さが大きくなり、切りくずが長く繋がらず分断されやすくなります。その結果、安定した穴あけ加工が比較的長く行うことができます。一方、先端角が小さいドリルでは切取り量hが小さくなるため切りくずが薄くなり繋がりやすくなります。また、先端角が小さいドリルでは切れ刃と工作物の接触長さLが長くなるため切削熱が大きくなります。上記のように、通常アルミニウム合金や銅合金のように軟らかい材料の場合には、先端角が小さいドリルを選択するようにいわれますが、切りくずが繋がりやすい場合には、先端角を大きくすると切りくずを分断することができるので、先端角の選択は目的に応じて使い分けることが大切です。

図 2-34 先端角の違いによる切取り量と切れ刃長さの違い

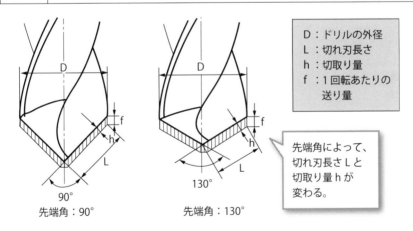

D：ドリルの外径
L：切れ刃長さ
h：切取り量
f：1回転あたりの送り量

先端角によって、切れ刃長さLと切取り量hが変わる。

先端角：90°　　先端角：130°

要点 ノート

一般的なドリルの先端角は118°です。富士山の頂角も約118°です。太宰治は富嶽百景で、陸軍の実測図によって東西南北に富士山の断面図をつくると東西は頂角124°、南北は117°に広がっていると記載しています。

【7 切削工具の特性

正面フライスの基本特性を知る

❶ムリとムダ

　正面フライスは広い平面を削りたいときに使用する切削工具で、広い平面を効率良く削るためボデーの外径が大きく、円周上に多数の刃を等間隔に付けた構造をしています。正面フライスはフェイスミル、フルバックと呼ばれることもあります。フルバックは以前日本の切削工具メーカが正面フライスを『フルバック』という商品名で発売し、広く普及したため、現在でも慣用的な名称として呼ばれることがあります。

　正面フライスは外径が大きいほど広い面が削れるため、加工能率が高くなりますが、重量が大きくなるため、マシニングセンタの主軸の動力（パワー）も大きいものが必要になります。小さな主軸で大きな正面フライスを回転する「ムリ」で、大きな主軸で小さな正面フライスを取り付けるのは「ムダ」です。ムリとムダを考え、主軸の大きさに適合した正面フライスを選択することが大切です。

❷刃数と切込み角

　また、マシニングセンタはATCで保持できる切削工具の重量が決まっているため、ATCアームの仕様も確認しなければいけません。さらに、外径が大きくなるとマガジン内で隣り合う切削工具と干渉することもあるため、留意する必要があります。

　正面フライスは刃数（チップの数）が多いほど、1回転あたりの切削量が多くなるため、加工能率が高くなります。しかし、刃数が増えると、刃と刃の間隔が小さくなるため、排出する切りくずが円滑に排出されず詰まり気味になり良好な切削が継続できなません。

　正面フライスのチップの切れ刃と送り方向がなす角を（材料を切り取る角度）を「切込み角」といいます。図2-35、2-36に示すように、1刃あたりの送り量fと切込み深さtが一定の場合、切込み角が小さいほど切取り量hが薄くなり（切込み角45°では切込み角90°の0.75倍）、また、切削に作用する切れ刃の長さも長くなるため、切れ刃の単位長さあたりに作用する切削抵抗が小さくなり、工具寿命が長くなる利点があります。

第2章 これだけは知っておきたい段取りの基礎知識

図 2-35 切込み角の違う正面フライス

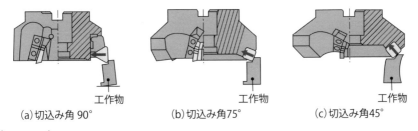

(a) 切込み角 90°　　(b) 切込み角 75°　　(c) 切込み角 45°

図 2-36 切込み角の違いによる切取り厚さの違い

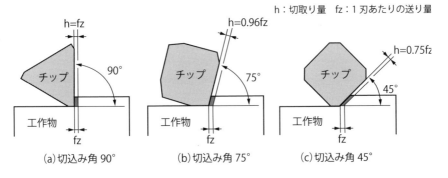

(a) 切込み角 90°　　(b) 切込み角 75°　　(c) 切込み角 45°

　また、切込み角は切削抵抗の向きに影響し、切込み角が90°では主として切削抵抗が送り方向に作用し、主軸を押し上げる方向にはほとんど作用しません。一方、切込み角が45°では切削抵抗は送り方向と主軸を押し上げる方向にほぼ同じ大きさ作用します。

　マシニングセンタの主軸は軸方向には強いですが、曲がる方向（軸と直角方向）に弱く、主軸のサイズが小さいほど曲がる方向への力に弱く、たわみやすくなります。つまり、主軸のサイズが小さいマシニングセンタでは、切削抵抗をできるだけ主軸方向に向けて削ると、主軸の剛性の弱さを防ぎながら平面加工を行うことができます。言い換えれば、切込み角90°よりも切込み角45°の正面フライスを使用するのが適正ということです。この反面、薄い工作物を削る際には、切削抵抗が主軸方向（工作物を曲げる方向）に作用しない方が良いので、切込み角45°よりも切込み角90°が適しているといえます。

> **要点ノート**
> 正面フライス加工は切削量が大きいため、切れ刃（チップ）と主軸に対する負担が大きいので少しの工夫で加工精度向上と工具寿命の延命を行うことができます。

7 切削工具の特性

エンドミルの基本特性を知る

　エンドミルは側面加工、溝加工、穴あけ加工など1本で多様な形状を加工できる万能切削工具です。エンド（end）は端、ミル（mill）は粉砕という意味で、エンドミルは外周部（側面）と底面（端面）に切れ刃をもつ切削工具（粉砕工具）というのが語源です。エンドミルは刃の数が異なったもの、側面が波形のもの、底面が半円形状のもの、底面の中心に刃のないものなど多くの種類があり、目的に合わせて適正に使分ける必要があります（図2-37）。

❶底刃の形状
　外周刃と底刃の交点（コーナ）が直角なエンドミルを「スクエアエンドミル」といいます。スクエアエンドミルはもっとも汎用性が高く、溝加工、側面加工、肩削り加工などに使用します。スクエアエンドミルはコーナが鋭いた

図2-37 ｜ いろいろなエンドミル

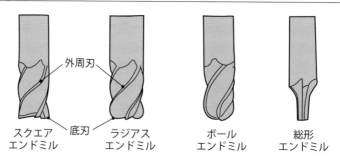

図2-38 ｜ 刃数と心厚の違い

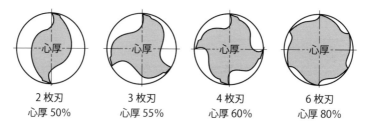

第2章　これだけは知っておきたい段取りの基礎知識

め、切れ味は良いですが、欠けやすいことが欠点です。外周刃と底刃の交点が丸くなっているエンドミルを「ラジアスエンドミル」といいます。ラジアスエンドミルはコーナが丸くなっているため強度が高く、スクエアエンドミルよりも工具寿命が長くなることが特徴です。底刃が球状になっているエンドミルを「ボールエンドミル」といいます。ボールエンドミルは曲面加工ができるため、主として金型の加工に使用されます。ボールエンドミルの中心は回転速度（切削速度）がゼロになるため仕上げ面がきれいになりません。ボールエンドミルはエンドミルまたは工作物を15～30°程度傾斜させて削るときれいな仕上げ面を得ることができます。加工したい形状に外周刃を成形したエンドミルを「総形エンドミル」といいます。総形エンドミルは通常のエンドミルでは加工が困難な形状に使用されます。製作に手間が掛かるため工具費が高くなりますが、複雑な形状を1パスで削れるため加工精度が高く、高能率であることが利点です。このほか、外周刃が波形になった「ラフィングエンドミル」やニックと呼ばれる溝を付けた「ニック付きエンドミル」があります。波形やニックは切りくずを分断する機能をもち、ストレート刃のエンドミルに比べて、切りくず排出能力に優れるため送り速度と切込み深さを大きくできます。

❷刃数

　通常、エンドミルの刃数は1枚から8枚程度で、偶数刃が多く使用されます（**図2-38**）。偶数刃では必ず対向する位置に刃をもつのでエンドミルの外径を把握しやすいためです。奇数刃では対向する位置に刃がないので、専用の測定器を使用しないとエンドミルの外径を把握することができません。エンドミルは刃数が少ないほど心厚が細くなり、曲がりやすくなる反面、刃と刃の間隔が大きくなるため切りくずの排出能力は良くなります。一方、刃数が多いほど心厚は太くなり、曲がりにくくなる反面、刃と刃の間隔が小さくなるため切りくず

表2-6　刃数と切削特性

		2枚刃	3枚刃	4枚刃	6枚刃
特徴	利点	切りくず排出性良好 縦送りが可能 切削抵抗が小さい	剛性が高い	剛性が高い	剛性が特に高い 切れ刃の耐久性が優れている
	欠点	剛性が低い	外径の測定が難しい	切りくず排出性が悪い	切りくず排出性が悪い
用途		溝、側面加工 穴あけ加工 使用用途が広い	溝、側面加工 重加工、 仕上げ加工	浅溝、側面加工 仕上げ加工	高硬度材加工 浅溝、側面加工

111

図 2-39 | ねじれ角と切削力の向き

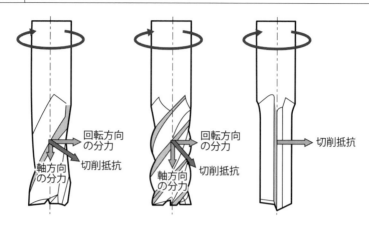

の排出能力は悪くなります。つまり、寸法精度を気にせず、大きな切りくずが排出される荒加工や、加工時に両側面が閉ざされた環境になる溝加工では刃数の少ないエンドミルを、寸法精度を重視し、小さな切りくずが排出される仕上げ加工では、刃数の多いエンドミルを選択するのがポイントです（表2-6）。

❸ねじれ角

エンドミルのねじれ角は通常30°で、ねじれ角が40°以上のものを「強ねじれ」、20°程度のものを「弱ねじれ」と呼んでいます。

ねじれ角が大きいほど工作物を削る（切削に寄与する）切れ刃が長くなり、切取り量が薄くなるため、切れ刃の単位長さあたりに作用する切削抵抗が小さくなると同時に、切削熱の拡散効果が高くなるため工具寿命が長くなります（図2-39）。ただし、ねじれ角が大きいほど外周刃の刃先が鋭利になるため欠けやすくなります。また、外周刃が工作物に接触するタイミングに時間のズレが生じるため仕上げ面にうねりが出やすくなります。

切削抵抗は外周刃（切れ刃）に垂直に作用するため、ねじれ角が大きくなるほど切削抵抗がエンドミルを主軸（ミーリングチャック）から抜き取る方向に作用することになります。したがって、ねじれ角が大きいエンドミルを使用する際にはミーリングチャックの締付力を強めにすることが大切です。

> **要点 ノート**
>
> エンドミルの種類は多種多様で、切れ刃がねじれているので切削現象が複雑です。軸方向の切込み深さを調整することによって、1回転あたりに外周刃が工作物と接触する長さを一定にすると加工が安定します。

【 第**3**章 】

これだけは知っておきたい
実作業と加工時のポイント

【1】図面の見方

寸法公差と仕上げ寸法のねらい値

❶寸法値の見方

　図3-1に示すように、機械図面に指示されている寸法値には通常一定の許容差が認められています。図3-1（a）では「50±0.1」と指示されており、50mmが寸法値の基準で「基準寸法」といいます。許されるもっとも大きい寸法が50.1mmで、この寸法値を「最大許容寸法」、許されるもっとも小さい寸法が49.9mmで、この寸法値を「最小許容寸法」といいます。そして最大許容寸法と最小許容寸法の差、ここでは0.2mmを「寸法公差」といいます。

　同様に、図3-1（b）、（c）のような記載になっても基準寸法、最大許容寸法、最小許容寸法、寸法公差の関係は変わりません。工業製品は複数の部品を組み立ててつくられているため、設計者は寸法公差を調整することによって組立精度と機能を保証しています。

❷仕上げ寸法のねらい値

　次は、加工者側の視点から寸法公差を考えます。加工者は仕上げ加工後の寸

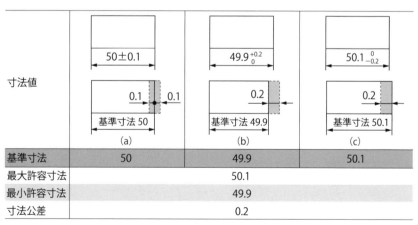

図 3-1　基準寸法、最大許容差、最小許容差、寸法公差

	(a)	(b)	(c)
基準寸法	50	49.9	50.1
最大許容寸法		50.1	
最小許容寸法		49.9	
寸法公差		0.2	

最大許容寸法：ばらつきの範囲で許される最大寸法
最小許容寸法：ばらつきの範囲で許される最小寸法
寸法公差：最大許容寸法と最小許容寸法の差

法値が最大許容寸法以下で、最小許容寸法以上であれば合格（適合品）ということになります。マシニングセンタ加工は切削工具が回転するため回転振れや振動などが発生しやすく、切削工具自体のバラツキやたわみ、加工熱、切削工具の摩耗、工作物を固定する際の変形などさまざまな要因が加工精度に影響します。そのため狙った寸法値にピッタリ加工することは難しく、仕上げ寸法がねらい値よりも大きくなったり、小さくなったりします。したがって、マシニングセンタで仕上げ加工を行う際には、最大許容寸法と最小許容寸法の真ん中の値を仕上げ寸法のねらい値にすることによって、寸法公差を最大に活用します。つまり、上記のような加工精度に影響するさまざまな要因により、仕上げ寸法がねらい値よりも大きく、または小さくなったとしても（多少の削り残し、削りすぎが生じても）、寸法許容差（最大許容寸法と最小許容寸法の範囲）に収まる確率は高くなります（図3-2、3-3）。

一方、仕上げ寸法のねらい値を最大許容寸法または最小許容寸法のどちらかに偏って設定した場合、仕上げ寸法がねらい値よりも僅かでも大きくなったり、小さくなったりすると、その部品は不適合（オシャカ）になってしまいます。

図3-2 | 締付力が強いと工作物が変形する（加工誤差の要因）

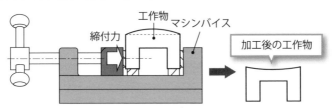

図3-3 | エンドミルの外径のばらつき、回転振れ、たわみ（加工誤差の要因）

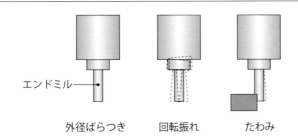

要点 ノート

図面の中には寸法値に寸法公差が記載されていないことがあります。この場合には、普通公差という概念が適用されます。普通公差は基準寸法と等級により許容差が決まっています。JIS B 0405 を参照してください。

1 図面の見方

幾何公差と加工のポイント

❶幾何公差は形状の許容差を表す

　寸法公差は寸法の許容差（ばらつきの許容される限界）を表すものですが、幾何公差は形状の許容差（理論的な形状から崩れても良い範囲）を表すものです。寸法は形状の大きさや距離、位置を表すことができますが、形状の正確さ（崩れ）を表すことができません（**図3-4**）。たとえば平行、直角は形の正確さを表す言葉で、矩形状の形状精度を表す指標です（**図3-5、3-6**）。マシニングセンタでは主として、マシンバイスをテーブルに取り付け、テーブルに取り付けたマシンバイスを使って工作物を固定します。ここで重要なことは、マシンバイスは工作物を固定するだけの役割ではなく、加工精度の基準としての役割を担っているという認識をもつことです。つまり、マシニングセンタではマシンバイスが平行、直角の基準になります。マシンバイスをテーブルへ取り付けるポイントは、第2章92頁で解説しているので参照してください。

❷なぜY軸方向に削らないの？

　正面フライスを使って平面加工を行う際、多くの人は何も考えずX軸方向に削りますが、なぜでしょうか。言い換えれば、なぜY軸方向に削らないのでしょうか？　X軸とY軸がテーブル駆動のマシニングセンタの場合、通常、ベッドの上にY軸を移動するサドルがあり、サドルの上にX軸を移動するベッドが載る構造になっています。テーブルの上には構造体は載っていません。つまり、Y軸（サドル）を動かすよりもX軸（テーブル）を動かした方が軽く、運動性能（位置決め精度）が良いというのが理由です。また、X軸方向に削ることによって、作業者側に切りくずが溜まらず、作業環境を害しないことも理

図 3-4 図面と実際の形状の違い

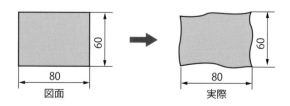

図 3-5 | 平行度

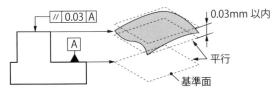

図 3-6 | 直角度

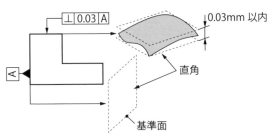

図 3-7 | 真円度

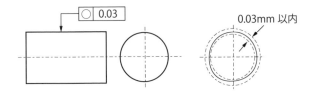

由の1つです。

次に、ドリルを使用して穴あけ加工を行った場合、穴の形状は見た目丸いですが真円（理論的な円）でしょうか？　真円に対する許容差を「真円度」といいます（図3-7）。真円度が必要な場合には、ドリル加工の後にリーマ加工を行います。

平行、直角、真円のほかにも幾何公差には多くの種類があります。寸法公差だけでなく、幾何公差（形状の崩れ）にも注意して加工することが大切です。

マシニングセンタやターニングセンタなどNC化が進み、加工作業に人が介入する範囲が狭いからこそ段取りや切削条件、ツールパス設定の重要性が高まり、加工点を直視できないからこそ加工現象を想像する力が必要なのです。

> **要点 ノート**
>
> いろいろなことに気を配り、考えることが大切です。日頃、何気なく、あたり前のように行っている作業には必ず理屈があります。その理屈を常に考え、感性と知性を研ぎ澄まし、常に加工精度を追求することが大切です。

1 図面の見方

基準面と寸法公差の累積

❶基準面は加工の基準となる面

加工者は図面を見る際、設計者が図面に込めた意図を汲み取り、加工工程を考えなければいけません。そして、設計者が図面に込めた情報の1つに「基準面」があります。基準面は加工の基準となる面のことです。たとえば、**図3-8**に示すように、直列寸法記入および並列寸法記入ともに寸法補助線が引き出されている面が基準面になります。マシニングセンタ加工では、はじめに正面フライスを使用して六面体をつくり（平面を加工し）、その後、エンドミルやドリルを使って溝や穴を加工しますが、溝や穴を加工する際には六面体のいずれの面が基準面なるのか確認することが大切です。

❷直列寸法と並列寸法の違い

ただし、直列寸法記入と並列寸法記入には大きな違いがあることを以下に解説します。図3-8（a）に示す直列寸法記入では、Aの穴は基準面から10±0.2mmの位置に加工し、Bの穴はAの穴から35±0.3mmの位置に加工すればOKということになります。Bの穴の寸法補助線はAの穴から引き出されているので、Bの穴はAの穴が基準になります。基準面から考えると、Bの穴は基準面から45±0.5mmの位置に加工すればOKということになります。

図3-8（b）に示す並列寸法記入のBの穴と比較すると、基準面からの寸法公差が大きくなるため、直列寸法記入では基準面からの穴の位置が大きくズレても許されることになります。このように、直列寸法記入では穴の基準が変

図3-8 | **基準面と直列寸法、並列寸法**

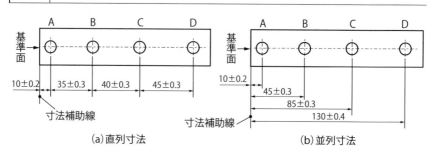

(a)直列寸法　　　　　　　　　　　(b)並列寸法

わっていくため、寸法公差が累積される（足される）ことになることを覚えて
おきましょう（図3-9）。

　一方、図3-8（b）に示す並列寸法記入では、各穴の寸法補助線が共通で、基
準面から引き出されているため、Aの穴は基準面から10±0.2mmの位置に加工
し、Bの穴は基準面から45±0.3mmの位置に加工すればOKということになり
ます。並列寸法記入は常に基準面を基点に寸法を考えます。ここで、各穴の
ピッチ（穴と穴の間隔）に注目します。並列寸法記入ではAの穴が基準面から
9.8mmの位置（最小許容寸法）に加工され、Bの穴が基準面から45.3mmの位
置（最大許容寸法）に加工されたとすると、穴Aと穴Bのピッチは35.5mmに
なります（図3-10）。一方、Aの穴が基準面から10.2mmの位置（最大許容寸法）
に加工され、Bの穴が基準面から44.7mmの位置（最小許容寸法）に加工され
たとすると、穴Aと穴Bのピッチは34.5mmになります。つまり、穴Aと穴Bの
ピッチは35±0.5mmになり、直列寸法記入よりも穴の位置ズレが大きくなりま
す。このように、直列寸法記入では基準面からの穴の位置のズレ量が大きくな
り、並列寸法記入では穴のピッチのズレ量が大きくなります。直列寸法記入、
並列寸法記入ともに寸法公差が累積されることを覚えておくと良いでしょう。

図 3-9 ｜ 直列寸法記入と並列寸法記入の基準面からの穴の位置の違い

$(10\pm0.2)+(35\pm0.3)$

基準からの絶対位置	A	B	C	D
直列寸法記入法	10±0.2	45±0.5	85±0.8	130±1.1
並列寸法記入法	10±0.2	45±0.3	85±0.3	130±0.4

図 3-10 ｜ 直列寸法記入と並列寸法記入の穴のピッチの違い

穴の相対位置	A～B	B～C	C～D
直列寸法記入法	35±0.3	40±0.3	45±0.3
並列寸法記入法	35±0.5	40±0.6	45±0.7

$(45\pm0.3)-(10\pm0.2)$　$(85\pm0.3)-(45\pm0.3)$　$(130\pm0.4)-(85\pm0.3)$

要点｜ノート

設計者は穴が基準面から必要な際には並列寸法記入、穴のピッチが必要な際に
は直列寸法記入を使用することになります。加工者はこのような設計者の意図
を汲みとるために図面を正確に読む力が必要です。

1 図面の見方

表面粗さの種類
（Ra、Rz、三角記号）

❶表面粗さの指標

　マシニングセンタで加工された工作物の表面は、理論的には切削工具が工作物を削った跡になり、規則正しい凹凸になりますが、実際には加工中に振動や削り残しなどが発生するため不規則な凹凸になります（図3-11）。この微小な凹凸を「表面粗さ」といいます。現在の機械図面では通常、表面粗さは①算術平均粗さ（Ra）、または②最大高さ粗さ（Rz）という2つの指標を使って表記されます（図3-12）。

　①**算術平均粗さ（Ra）**は凹凸を面積と捉え、谷の部分を山側に折り返して平均した時の高さの値です。つまり、凹凸が大きい（表面が粗い、ゴツゴツしている）ほどRaの値は大きくなり、凹凸が小さい（表面が滑らかな、ツルツルしている）ほどRaの値は小さくなります。

　②**最大高さ粗さ（Rz）**はもっとも高い山（凸）からもっとも低い谷（凹）までの差です。したがって、一か所でも高い山（凸）や低い谷（凹）があるとRzの値は大きくなります。算術平均粗さ（Ra）、最大高さ粗さ（Rz）ともに単位はμm（マイクロメートル）です。

　表3-1に、算術平均粗さ（Ra）、最大高さ粗さ（Rz）、三角記号の簡易的な対応表を示します。上記のとおり、現在、表面粗さの指標は主として算術平均

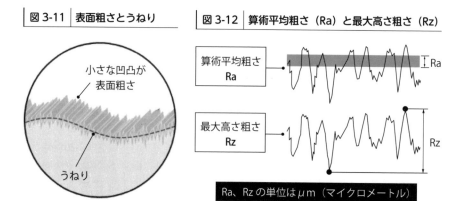

図3-11　表面粗さとうねり

図3-12　算術平均粗さ（Ra）と最大高さ粗さ（Rz）

第3章　これだけは知っておきたい実作業と加工時のポイント

粗さ（Ra）または最大高さ粗さ（Rz）が使用されていますが、従来は（JIS：日本工業規格では1994年まで）、三角記号が使用されていました。そのため、現在でも表面粗さの表記として三角記号を使用した機械図面もあります。

　表に示すように、三角記号は△1つ〜4つまで4段階あり、一方、算術平均粗さ（Ra）は25〜0.025まで、最大高さ粗さ（Rz）は100〜0.1まで、それぞれ11段階に分類されます。△が増えるほど算術平均粗さ（Ra）、および最大高さ粗さ（Rz）の数値が小さくなり、滑らかな表面になることがわかります。

❷表面粗さの指標は細分化された

　1994年以前は表面粗さを4段階で分類していましたが、工業製品の機能が進化するにともない、表面粗さの指標を細分化する必要があり、また、三角記号は具体的な数値による分類ではなかったため数値による指標が必要でした。このため、表面粗さの指標が三角記号から算術平均粗さ（Ra）、最大高さ粗さ（Rz）に変更されました。なお、算術平均粗さ（Ra）を4倍すると最大高さ粗さ（Rz）に相当することを覚えておくと良いでしょう（図3-13）。

表 3-1 ｜ 算術平均粗さ（Ra）、最大高さ粗さ（Rz）、三角記号の簡易的な対応表（単位：μm）

三角記号	算術平均粗さ Ra	最大高さ粗さ Rz
▽	25	100
	12.5	50
▽▽	6.3	25
	3.2	12.5
▽▽▽	1.6	6.3
	0.8	3.2
	0.4	1.6
▽▽▽▽	0.2	0.8
	0.1	0.4
	0.05	0.2
	0.025	0.1

図 3-13 ｜ 算術平均粗さ（Ra）と最大高さ粗さ（Rz）の関係

算術平均粗さ（Ra）× 4 ≒ 最大高さ粗さ（Rz）

要点 ノート

表面粗さは表面の凹凸、うねりは表面の大きな波を示します。人間で例えると、肌のキメが表面粗さで、ボディラインがうねりに相当します。ゴルフのグリーンで例えると、芝生の凹凸が表面粗さで、グリーン全体の凸凹がうねりに相当します。

2 切削条件とその求め方

回転数を設定する
(切削速度を決める)

❶切削条件を適正に設定する

　切削条件は①切削工具（主軸）の回転数、②工作物または切削工具の送り速度、③切込み深さの3つです（図3-14）。これら3つの条件を適正に設定することにより、マシニングセンタ加工を良好に行うことができます。3つの条件のうち、どの条件から設定しても良いですが、通常は①切削工具（主軸）の回転数、②工作物または切削工具の送り速度、③切込み深さの順に設定します。

　切削工具（主軸）の回転数は1分間あたりの回転数で、単位は「$\min^{-1}$」です。従来、回転数の単位はrpm（revolution per minute）を使用していましたが、現在では$\min^{-1}$を使用します。

　切削工具の回転数は「切削速度」から計算します。切削速度はチップが工作物を削る速さです。切削速度は日常生活では聞きなれない言葉ですが、キャベツの千切りを行う際にも切削速度を体験しています。キャベツを千切りする際、包丁をキャベツにゆっくり当てると上手く千切りすることができませんが、包丁をキャベツに早く当てると上手に千切りすることができます。同様に、草刈りや薪割り、髭剃りも同じです。つまり、刃物で材料を切り取る（剥ぎ取る）際には、一定の速度が必要で、この速度を切削速度といいます。切削速度の単位は「m/min」です。

❷切削速度から回転数を求める

　マシニングセンタ加工を行う際の切削速度は切削工具の種類（正面フライス、エンドミル、ドリルなど）や切削工具（チップ）の材質、工作物の材質の

図 3-14 | 切削条件

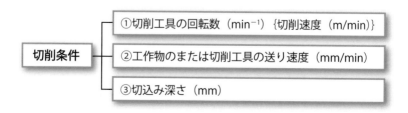

組み合わせによって標準的な値が決まっています。表3-2に、正面フライスの標準的な切削速度を示します。切削速度は切削工具メーカのカタログでも公表されています。切削速度が確認できたら、**式①**を使って切削速度から回転数を求めます（図3-15）。切削条件の1つが切削工具の回転数ですが、適正な切削速度で加工するために、**式①**を使って回転数を設定するというのが本来の意味です。言い換えれば、回転数を決めるというよりは、切削速度を決めるというのが正しい考え方です。切削速度は1つのチップ（1刃）が1分間に動く距離と考えることもできます。切削速度が早いほど1分間あたりに削る工作物の体積が増えるため、加工能率は高くなります。

表 3-2 | 正面フライス加工の標準的な切削速度（m/min）

工作物の材質	荒加工	仕上げ加工
	超硬合金チップ（コーティングあり）	
鉄鋼（S20C、SS400など）	100～150	150～300
鉄鋼（S50Cなど）	100～150	150～250
鋳鉄（FC200など）		150～250
ステンレス鋼（SUS304など）	120～150	
アルミニウム合金（A5056など）	300～500	400～1000
銅合金（C2600など）		500～1000

図 3-15 | 回転数と切削速度の関係

N：切削工具の回転数（min^{-1}）
π：円周率（3.14）
D：切削工具の外径（mm）
V：切削速度（m/min）

$$N = \frac{1000 \times V}{\pi \times D} \quad \cdots ①$$

切削工具の回転数は切削速度から求める!!

要点 ノート

切削速度の標準値には幅がありますが、工具寿命を優先する際には低い値を、加工能率を優先する際には高い値を選択すると良いでしょう。切削速度を高くすると工具寿命は短くなります。

【2 切削条件とその求め方

送り速度を設定する
（1刃あたりの送り量を決める）

❶送り速度の求め方

　切削条件の2つ目は「切削工具または工作物の送り速度」です。送り速度は切削工具または工作物が1分間に移動する距離で、単位は「mm/min」です。主として、テーブル駆動の場合には工作物の送り速度になり、主軸頭駆動の場合には切削工具の送り速度になりますが、工作物と切削工具どちらが動く場合でも考え方は同じです。

　送り速度は**式②**を使って1刃あたりの送り量（mm/刃）を基準に求めます。1刃あたりの送り量は切削工具の種類（正面フライス、エンドミル、ドリルなど）や切削工具（チップ）の材質、工作物の材質の組み合わせによって標準的な値が決まっています（**図3-16**）。

　表3-3、3-4に、正面フライスとエンドミルの標準的な1刃あたりの送り量を示します。正面フライス加工とエンドミル加工の1刃あたりの送り量を比較すると、エンドミル加工は正面フライス加工の約1/2程度であることがわかります。エンドミルは正面フライスに比べて、刃と刃の間隔（チップポケット）が小さいため1刃あたりの送り量を大きくすることができません。1刃あたりの送り量は切削工具メーカのカタログでも公表されていますので確認してください。

❷加工能率を高くするためには…

　実際に計算してみましょう。1刃あたりの送り量が0.1mm、切削工具の刃数が6枚、回転数が500min^{-1}では、**式②**に代入すると送り速度は300mm/minと

図 3-16 | 送り速度を求める式

$$F = f \times Z \times N \quad \cdots ②$$

（mm/min）　（mm/刃）　（刃数）　（min^{-1}）

F：送り速度（mm/min）　　　Z：切削工具の刃数
f：1刃あたりの送り量（mm/刃）　N：切削工具の回転数（min^{-1}）

第3章　これだけは知っておきたい実作業と加工時のポイント

なります。送り速度を高くすると、目的の形状に早く到達できるため加工能率は高くなります。つまり、加工能率を高くするためには、**式②**からわかるように、1刃あたりの送り量、切削工具の刃数、回転数のいずれかを大きくすればよいことになります。ただし、それぞれむやみに大きくすることはできませんので、加工能率には限界があります。

　加工能率向上による加工コストの低減は企業の第一優先事項です。回転数Nを高くすれば送り速度が高くなります。回転数Nを高くするには、123頁の**式①**から切削工具の外径Dを小さくすることで実現できます。小径工具の優位点です。

表3-3 | 正面フライスの標準的な1刃あたりの送り量（mm/刃）

工作物の材質	荒加工	中仕上げ加工	仕上げ加工
鉄鋼（S20C、SS400など）	0.15〜0.3	0.1〜0.15	0.05〜0.1
鉄鋼（S50Cなど）	0.15〜0.2		
鋳鉄（FC200など）	0.2〜0.4	0.1〜0.2	
ステンレス鋼（SUS304など）	0.2〜0.3		
アルミニウム合金（A5056など）	0.2〜0.5		
銅合金（C2600など）			

表3-4 | エンドミルの標準的な1刃あたりの送り量（mm/刃）

工作物の材質	荒加工	中仕上げ加工	仕上げ加工
鉄鋼（S20C、SS400など）	0.075〜0.2	0.05〜0.075	0.02〜0.05
鉄鋼（S50Cなど）			
鋳鉄（FC200など）	0.1〜0.2	0.05〜0.1	
ステンレス鋼（SUS304など）			
アルミニウム合金（A5056など）	0.15〜0.25	0.1〜0.15	
銅合金（C2600など）			

要点　ノート

送り速度を高くすることによって加工能率を高くすることができますが、送り速度を過度に高くすると、マシニングセンタの運動特性が悪くなり、加工精度が低下します。通常、加工能率と加工精度は相反する関係です。

❰2❱ 切削条件とその求め方

切込み深さを設定する
(主軸の動力を確認する)

❶切削動力と主軸モータの動力の関係

　切削条件の3つ目は「切込み深さ」です。切込み深さは切削工具が工作物に食い込む深さです。マシニングセンタ加工は材料から不要な箇所を取り除き、目的の形状をつくる加工ですが、不要な箇所が多い場合には一定の切込み深さのツールパスを複数回繰り返して荒加工を行うことになります。この際、1回あたりの切込み深さを大きくすれば目的の形状（仕上げ加工の前）に早く到達できるため、切込み深さの最大値を知ることは大切なことです。

　ここでは正面フライス加工を例に最大切込み深さ求めます（**図3-17**）。切込み深さの最大値は**式③**を利用して求めることができます。**式③**は切削工具が工作物を剥ぎ取る際に必要な動力（パワー）を計算する式です。切削工具が工作物を剥ぎ取る際に必要な動力（パワー）を「切削動力」といいます。

　切込み深さの最大値を求める際には**式③**を**式④**のように、切込み深さtを求める式に変換します。**式③**のNeは切削動力（切削に必要な動力）ですが、**式④**に変換した際にはNeをマシニングセンタの主軸の動力（切削に使える動力）と考えます。つまり、**式④**はマシニングセンタの主軸の動力を最大に使用した際の切込み深さtを求めるということです。比切削抵抗Ksは工作物の削りにくさを表す値で、工作物の材質によって異なります。**表3-5**に、代表的な工作物の正面フライス加工時の比切削抵抗を示します。

　最大切込み深さを計算してみましょう。切削幅を100mm、1刃あたりの送り量を0.1mm、正面フライスの刃数を6枚、正面フライスの回転数を500min^{-1}、

図3-17 切込み深さの求め方（切込み深さと切削動力の関係）

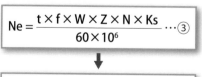

$$Ne = \frac{t \times f \times W \times Z \times N \times Ks}{60 \times 10^6} \quad \cdots ③$$

$$t = \frac{Ne \times 60 \times 10^6}{f \times W \times Z \times N \times Ks} \quad \cdots ④$$

Ne：工作物を削るために必要な動力
　　【切削動力】(kW)
t：切込み深さ (mm)
f：1刃あたりの送り量 (mm/刃)
W：切削幅 (mm)
Z：正面フライスの刃数
N：正面フライスの回転数 (min^{-1})
Ks：比切削抵抗 (MPa)

比切削抵抗を2000MPa、主軸モータの動力を5kWと仮定し、各数値を**式④**に代入すると、最大切込み深さは5mmと計算できます。言い換えれば、切込み深さが5mmを超えると、切削動力が主軸のモータの動力を超えることなるためモータへの負荷が大きく、良好な切削を行うことはできません。

❷エンドミル加工の最大切込み深さ

エンドミル加工は1分間あたりの切削体積が小さいため、切削動力が主軸の動力を超えることはありません。エンドミル加工は**式④**を使用する必要はありません。エンドミルは剛性が弱いため、軸方向切込み深さおよび径方向の切込み深さともに最大値はエンドミルの外径が目安です。溝切削では径方向の切込み深さがエンドミルの外径と同じになります。**表3-6**に示すように、切込み深さはチップの材質、工作物の材質、主軸の動力、主軸の剛性、切削工具・ホルダ、マシニングセンタ本体の剛性、工作物の保持方法、切削油剤の有無など切削に関わるさまざまな要素を総合して設定する必要があり、切削条件の中でもっとも設定が難しいといえます。

表 3-5 | 代表的な工作物の正面フライス加工時の比切削抵抗　※硬さ、比切削抵抗値は一例です

工作物の材質	硬さ	1刃あたりの送り量と比切削抵抗（MPa）				
		0.1 (mm/刃)	0.2 (mm/刃)	0.3 (mm/刃)	0.4 (mm/刃)	0.5 (mm/刃)
鉄鋼（S20C、SS400など）	120HBW	1980	1800	1730	1600	1570
鉄鋼（S50Cなど）	20HRC	2180	1980	1860	1730	1620
ステンレス鋼・チタン合金（SUS304など）	200HBW	2030	1970	1900	1770	1710
アルミニウム合金（A5056など）	90HBW	580	480	400	350	320
銅合金（C2600など）	100HBW	1120	955	839	730	655

表 3-6 | 切込み深さを設定する際に考慮すべき要素

モータの動力	切削工具・ホルダの剛性
チップの材質	フライス盤本体の剛性
工作物の材質	工作物の保持方法
主軸の剛性	切削油剤の有無

要点｜ノート

切込み深さの最大値は切削動力とマシニングセンタの主軸の動力の関係から求められます。切削動力が主軸の動力を超えないように切削条件を設定します。主軸のモータの動力にも目を向けてください。

❰3❱ 切削条件と加工工程のポイント

1刃あたりの送り量と表面粗さの関係

❶正面フライス加工時の表面粗さ

　工作物または切削工具の送り速度は1刃あたりの送り量を基準について、122頁で説明したように式②を使って計算して設定します。マシニングセンタ加工は切削工具（チップ）で工作物を除去するため、加工後の仕上げ面にはチップが削った跡が残り、この凹凸が表面粗さになります。

　図3-18に正面フライス加工時の1刃あたりの送り量と仕上げ面の凹凸の関係を示します。図3-18からわかるように、1刃あたりの送り量が大きいほど仕上げ面に生じる凹凸が大きくなり、表面粗さが悪くなります。この反面、1刃あたりの送り量が小さいほど仕上げ面に生じる凹凸が小さくなり、表面粗さが良くなります。つまり、表面粗さよりも加工能率を優先する荒加工の場合には、1刃あたりの送り量を大きくし、加工能率よりも表面粗さを優先する仕上げ加工の場合には、1刃あたりの送り量を小さくすることになります。

　ただし、正面フライスのチップには先端が平坦なものもあり、先端が平坦なチップを使用する際には凹凸が発生せず、1刃あたりの送り量の大きさに関わらず平滑な仕上げ面を得ることができます（図3-19）。

❷エンドミル加工時の表面粗さ

　図3-20にエンドミル加工時の1刃あたりの送り量と、仕上げ面の凹凸の関

図3-18 | 正面フライス加工時の1刃あたりの送り量と仕上げ面の凹凸の関係

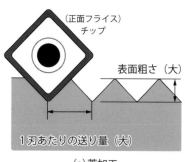
(a) 荒加工

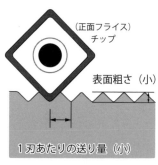
(b) 仕上げ加工

係を示します。図3-20からわかるように、エンドミル加工では底面と側面の両方に仕上げ面が生じますが、底面はエンドミルの底刃が擦れるため、1刃あたりの送り量に関係なくほぼ平坦になります。一方、側面は1刃あたりの送り量によって、仕上げ面に生じる凹凸の高さが変わります。1刃あたりの送り量が大きい場合には、仕上げ面に生じる凹凸は間隔が広く、高くなり、表面粗さは悪くなります。この反面、1刃あたりの送り量が小さい場合には仕上げ面に生じる凹凸は間隔が狭く、低くなり、表面粗さは良くなります。つまり、荒加工の場合は1刃あたりの送り量を大きくし、仕上げ加工の場合は1刃あたりの送り量を小さくすることになります。

図 3-19 チップ先端が仕上げ面に及ぼす影響

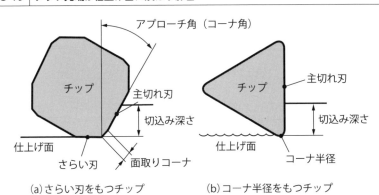

(a) さらい刃をもつチップ　　(b) コーナ半径をもつチップ

図 3-20 エンドミル加工時の1刃あたりの送り量と仕上げ面の凹凸の関係

(a) 1刃あたりの送り量：大　　(b) 1刃あたりの送り量：小

要点 ノート

仕上げ面には切削工具（チップ）が工作物を削り取った跡が残り、1刃あたりの送り量によって仕上げ面に生じる凹凸の間隔と高さが変化します。つまり、1刃あたりの送り量は表面粗さに影響します。

【3】切削条件と加工工程のポイント

表面粗さから送り速度を求める方法と注意点（エンドミル加工）

❶表面粗さから送り量を求める

エンドミル加工時の仕上げ面に生じる凹凸の高さHは幾何学的に（図形を利用して）、$f^2/8R$で（1刃あたりの送り量の2乗をエンドミルの半径を8倍したもので除して）求めることができます（**式⑤**）。凹凸の高さHは山と谷の差ですので、表面粗さの最大高さ粗さ（Rz）に相当することになります（**図3-21**）。つまり、**式⑤**を**式⑥**のように変換すると、表面粗さ（Rz）と使用するエンドミルの半径が決まれば、1刃あたりの送り量fを求めることができます（**図3-22**）。たとえば、図面にRz1.6μmと指示があり、使用するエンドミルの外径が16mmだったとすると、**式⑥**にRz1.6μmとエンドミルの半径値8mmを代入すると、1刃あたりの送り量は0.27mmと求めることができます。Rzの値は1.6μmなので、**式⑥**に代入する際には、長さの単位を統一するため0.0016mmとして代入します。つまり、外径16mmのエンドミルを使用して、側面の表面粗さをRz1.6μmに加工するためには、1刃あたりの送り量fを0.27mm以下にすれば良いということです。このように、エンドミル加工では

図3-21 エンドミルを使用した肩削りの模式図（下向き削り）

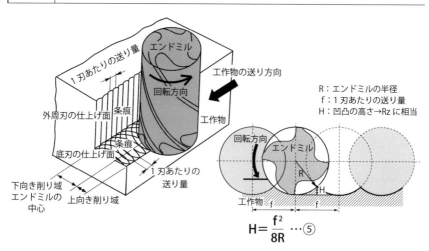

図面に指示されている表面粗さ（最大高さ粗さRz）と、使用するエンドミルの外径が決まれば、1刃あたりの送り量を求めることができます。

図面に指示された表面粗さが算術平均粗さ（Ra）の場合には、121頁に示した表3-1を確認し、算術平均粗さ（Ra）を最大高さ粗さ（Rz）に換算して計算することになります。また、三角記号で指示されている場合には、三角記号の範囲に相当する最大高さ粗さ（Rz）のいずれかに換算して計算することになります。

❷実際の表面粗さ（注意点！）

ただし、注意が必要です。式⑥で計算した1刃あたりの送り量fは理論的な値です。つまり、エンドミルのたわみやびびり、切りくずの排出などはまったく考慮していません。実際のエンドミル加工ではエンドミルのたわみやびびり、切りくず詰まりが発生するため理論通りの表面粗さを得ることができません。エンドミル加工で得られる実際の表面粗さは理論粗さの10倍以上になります。

左記の例では、1刃あたりの送り量fが0.27mmと計算されましたが、125頁の表3-4に示したエンドミル加工時の1刃あたりの送り量の標準値と比較すると、0.27mmが大きすぎることがわかります。

実際のエンドミル加工で1刃あたりの送り量fを0.27mmに設定すると、切りくず詰まりなどの問題が生じます。エンドミル加工時の1刃あたりの送り量を決める際には125頁の表3-4に示した標準的な値と式⑥で計算した値を比較しながら、適正に設定することが大切です。

図 3-22 | 表面粗さから1刃あたりの送り量を求める式

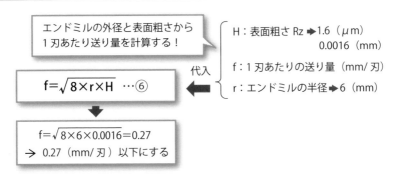

要点 ノート

エンドミルは剛性が弱く、たわみやすいため、実際に得られる表面粗さは通常理論粗さの10倍以上になります。理論通りにならないことをあたり前に思うのではなく、理論に近づける工夫を行うことが大切です。

3 切削条件と加工工程のポイント

加工精度を安定させる加工工程
（工程分解の考え方）

❶加工工程の順番を考えるときの基本

　工業製品が高機能化になるにともない、工業製品を構成する部品形状が一層複雑になっています。加工を行う際は**図3-23**のような図面を十分に確認し、工程分解を行い、加工工程をしっかりと考えないと最終形状に加工できないことや、加工精度が図面に指示された寸法公差、幾何公差（要求）を満たすことができないなど不都合が生じます。

　加工工程の順番を考えるときの基本は「切削力と切削熱の高い加工（工作物に対する加工負荷が大きい加工）から行うこと」です。切削力と切削熱が高いと、工作物に歪みや熱膨張が生じ、加工精度が安定しません。そこで、荒加工から仕上げ加工に向けて切削力と切削熱を低くする（工作物に対する加工負荷を小さくする）ことが大切です。以下に基本的な加工工程の目安を示します。加工工程は加工形状や加工精度の厳しさ、工具交換の回数（最小回数にする）、バリを出したくない位置によっても変わりますので、あくまで目安です。なお、下穴加工、面取り加工、座ぐり加工は省略しています。

①正面フライスを使用した平面加工の荒加工
②大径のドリルを使用した穴あけ加工
③小径のドリルを使用した穴あけ加工
④エンドミルを使用した溝または側面の荒加工
⑤正面フライスを使用した平面加工の仕上げ加工
⑥大径穴のボーリング加工またはリーマ加工
⑦小径穴のボーリング加工またはリーマ加工
⑧エンドミルを使用した溝または側面の仕上げ加工
⑨タップ加工

❷タップ加工の順番

　止まり穴にタップ加工を行う際、下穴に切りくずが落下し、穴底に溜まっていると、タップが穴底で切りくずを噛み込み、タップが折れるトラブルが生じます。このような際には、ドリルによる下穴加工は小径から大径の順に加工し、タップ加工は大径から小径の順に加工します。この順番は大きい切りくず

は小さい穴には落下しませんので、切りくずが下穴に入り込む確率を低くすることが狙いです。

図 3-23 | 加工図面の例（加工精度を安定させる加工工程を考える）

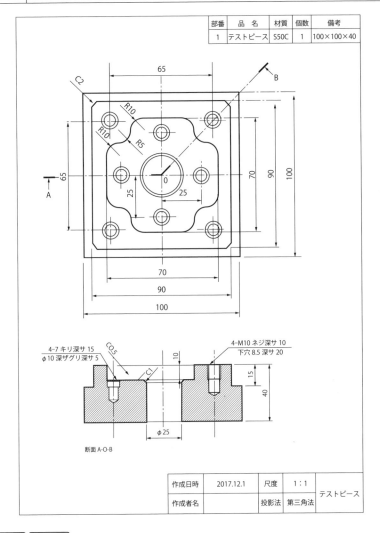

> **要点 ノート**
> いびつな形状で剛性が低い工作物の加工は悩ましいですが、工作物には必ず剛性が高い方向があります（ジュースの缶のように径方向には弱ですが、軸方向には強い）。切削抵抗を剛性の高い方向に向ける工夫が大切です。

〈3〉 切削条件と加工工程のポイント

正しい仕上げ代
（荒加工から仕上げ加工への引継ぎが大切）

　マシニングセンタ加工（機械加工）は寸法精度（寸法許容差）、表面粗さ、幾何精度（平面度、直角度、平行度、同心度など）が図面に指示された範囲内に仕上げなければいけません。また、量産加工の仕上げ加工では加工精度の安定性（バラツキが小さいこと）も必要です。

　マシニングセンタ加工において加工精度と安定性を追求するためには、加工工程を①荒加工、②中仕上げ加工、③仕上げ加工に分け、各工程で目的をしっかり実行することです。

❶荒加工

　荒加工は短時間で、不要な余肉を削ることが第一目的ですので、大径の切削工具で主軸の動力範囲内でバリバリ削ります。寸法精度、表面粗さ、幾何精度、安定性は二の次です。荒加工の目的の1つに、工作物の内部に残存した応力（内部応力）を解放させることがあります。工作物によっては製造過程や現状の形になる過程で応力を受けていることがあります。内部応力が残存したままでは、仕上げ加工後、形状が歪んでしまうことがあります。残留応力を解放するためには切削する箇所は偏りなくできる限り均等にすること、十分な中仕上げ代を残すことです（図3-24）。

❷中仕上げ加工

　中仕上げ加工は仕上げ加工の準備を行う加工で、切削力や切削熱が工作物に作用しないよう、小径の切削工具を使います。切削工具は大径になるほど、工作物との接触面積が増えるため、切削力も切削熱の高くなります。工作物が歪むのは上記した工作物の内部応力のほか、工作物に作用する切削力と切削熱も原因の1つです。

　中仕上げ加工は荒加工で工作物に伝わった切削熱を冷ますことも目的の1つです。長さ100mmの鉄鋼は温度が1℃変わると、約1μm変化します。つまり、切削後の温度が常温よりも20℃高かったとすると、寸法は0.02mm膨張していることになります。温度による寸法の変化は無視できない大きさです。

❸仕上げ加工

　仕上げ加工は一発でビシッと決めることが大切です。このとき、重要なのが

「仕上げ代」です。仕上げ代は仕上げ加工で削り取る厚さのことですが、大切なことが2つあります。

①**仕上げ代の厚さや形状を均一にする**：たとえば、中仕上げ加工の段階でびびりが発生し、仕上げ面にびびり痕が残存したとします。びびり痕は拡大すると微小な凸凹です。仕上げ加工でびびり痕を切削すると微小ですが仕上げ代が異なるため、びびりを誘発することになります。つまり、仕上げ代が均一でないため切削抵抗が変動し、びびりが発生しやすくなります。びびり痕などは中仕上げ加工でしっかりと除去しておくことが大切です（図3-25）。

②**切削工具の切れ刃がしっかり食い込む厚さにする**：仕上げ代が薄すぎると、切削工具が工作物に食い込まず上滑りすることになり表面粗さが悪くなります。切れ刃にホーニングがあるときには仕上げ代はホーニング量以上が目安になります。

図 3-24 | 荒加工で工作物の応力を開放し、反りを出させる（イメージ）

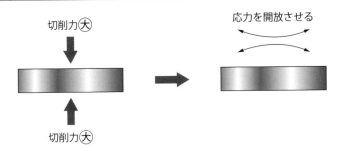

図 3-25 | 仕上げ加工では工作物に負荷（ストレス）を掛けずに加工する（イメージ）

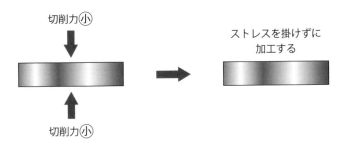

要点 ノート

工作物の把握力が過剰に大きいと工作物に応力が作用し、歪む原因になります。荒加工、中仕上げ加工、仕上げ加工と進行し、切削抵抗が小さくなると同時に、把握力も小さく調整することが大切です。

【4】正面フライス加工のポイント

エンゲージ角と
ディスエンゲージ角

❶エンゲージ角・ディスエンゲージ角とバリの関係

　図3-26に、正面フライスを使用した平面切削の模式図を示します。図に示すように、正面フライスのチップが工作物に食い込む角度を「エンゲージ角」、正面フライスのチップが工作物から抜き出る角度を「ディスエンゲージ角」といいます。エンゲージは噛み合うという意味です。また、ディスは「反対、否定」という意味で、ディスエンゲージはエンゲージの反対となります。

　金属加工では切削工具が工作物から抜ける箇所に「バリ」が発生します。バリは工作物の角に外側に倒れるように発生する削り残しです。このため、バリは切削工具が工作物に進入する箇所ではあまり発生せず、切削工具が工作物から抜ける箇所に大きく発生します。しかし、切削工具が工作物に進入する箇所でも切削工具（チップ）の摩耗にともないバリが発生します。

　バリの発生しやすさはエンゲージ角・ディスエンゲージ角によって変わり、エンゲージ角・ディスエンゲージ角が大きいほどバリは発生しやすくなります。エンゲージ角およびディスエンゲージ角はチップが工作物を削る際の切削力の方向に影響し、角度が大きくなるほどチップが工作物を外側に押し倒す方向に切削力が作用するためバリが発生しやすくなります。一方、エンゲージ角・ディスエンゲージ角を小さくすることによって、チップが工作物の外側に

図 3-26 ｜ エンゲージ角とディスエンゲージ角（正面フライスを使用した平面切削の模式図）

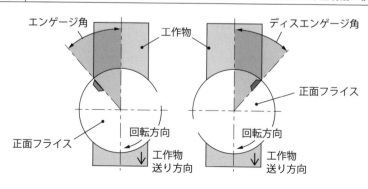

押し倒す方向に切削力が作用しないため、バリの発生を抑制することができます。

❷エンゲージ角と切取り厚さ

図3-27に、エンゲージ角の違いを示します。エンゲージ角が大きいと、チップが工作物を削り取る量（切取り厚さ）が薄くなり、エンゲージ角が小さいと、チップが工作物を削り取る量（切取り厚さ）が厚くなることがわかります。エンゲージ角が大きく、切取り厚さが薄いと、チップが工作物に食い込まず、擦れるような状態（上滑り）になります。上滑り状態になると、過大な圧力がチップに作用し、チッピング（欠け）が生じやすく、工具寿命が極端に短くなります。一般にエンゲージ角は鋼材では10～20°、鋳鉄などの硬質材料では50°以下、アルミニウム合金などの軽金属では40°以下が目安です。

ただし、工作物の突き出しが長く、工作物の支持剛性が弱いときには、あえてエンゲージ角を大きくし、切取り厚さが薄い状態で切削することにより、衝撃力（チップが工作物に衝突する際の瞬間の力）を小さくして工作物のたわみ（びびり）を抑制することもあります。

図 3-27 | エンゲージ角が切取り厚さに及ぼす影響

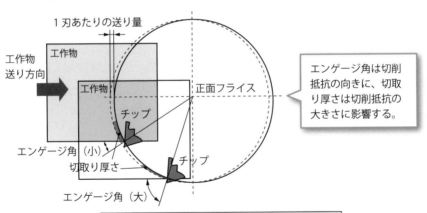

1. エンゲージ角が小さいと切取り厚さが厚い
2. エンゲージ角が大きいと切取り厚さが薄い

要点 ノート

正面フライス加工を行う際には、エンゲージ角とディスエンゲージ角を意識し、エンゲージ角は力の向きに影響し、切取り厚さは力の大きさに影響することを覚えておくと良いでしょう。

【4】正面フライス加工のポイント

複数ツールパスと繋ぎ目

❶正面フライス加工の現代病

　マシニングセンタは小型化の傾向にあり、従来はBT50番相当が主流でしたが、現在はBT30番相当が主流になっています。マシニングセンタ（主軸）が小さくなると、大径で、重量な切削削工具を取り付けることができず、とくに正面フライスは取り付けられるサイズに制約が生じます。このため、正面フライスで広い平面を加工する場合には、1パスでは加工できず、複数パスで加工することになります。そして、この際に問題なるのが、正面フライスのパスの境界にできる繋ぎ目です。この繋ぎ目には段差が生じる場合や段差はほとんど生じなくても、外観で不適合になることもあり、近年のマシニングセンタ加工の困りごとの1つにあげられます。BT50番相当が主流であった時代では、大径の正面フライスで1パスで加工できていたため、繋ぎ目の問題は現代病ともいえます。

❷3つのツールパス

　正面フライスによる平面加工を複数パスで行う際には①往復パス、②一方向パス（片道パス）、③U字パスの3つのパスが考えられます（**図3-28**）。

①**往復パス**：ツールパスが短いことが利点ですが、加工方向が変わることによって切削抵抗の向きが変わることによって主軸の倒れる方向が変わるため、繋ぎ目の部分が凹になり、ツールパスの繋ぎ目に段差が発生しやすくなります。また、加工方向が変わることによって、仕上げ面の加工目の方向が変わります（**図3-29**）。①の往復パスは加工精度よりも加工時間を優先する荒加工に適します。

②**一方向パス（片道パス）**：加工方向が変わらないため切削抵抗の向きも変わらず、主軸の倒れる方向も変わりません。このため、①の往復パスよりもツールパスの繋ぎ目に段差が発生しにくく、仕上げ加工に適していますが、ツールパスが長くなることが欠点です。ただし、切削抵抗が主軸の剛性よりも大きく、主軸がたわむ場合には同じ傾きの段差が生じることがあります。

③**U字パス**：正面フライスが工作物から抜ける箇所が1カ所になるため、大きなバリが出る箇所をコントロールできることが利点です。しかし、①の往復パ

スと同様に、加工方向が変わることによって繋ぎ目が凹になりやすく、仕上げ面の加工目の方向も変わります。仕上げ加工よりも荒加工に適します。

正面フライスによる平面加工ではツールパスによってパスの繋ぎ目に段差が発生しやすさが異なるため、切削抵抗の向きを考慮したツールパスを考えることが大切です。

図 3-28 | 正面フライス加工のツールパス

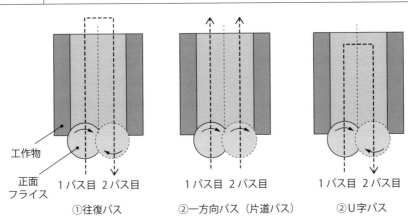

図 3-29 | 平面加工時に作用する切削抵抗の向きと繋ぎ目に発生する段差

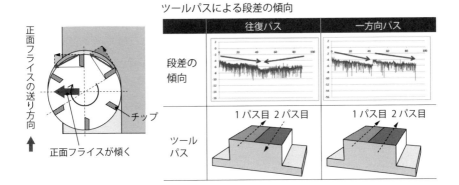

要点 ノート

正面フライス加工は繋ぎ目の段差、加工熱の蓄熱、切削抵抗の大きさと向き、バリが出る箇所を考慮したツールパスを考えることが大切です。ただし、すべてを満足するツールパスは皆無に近いかもしれません。

【5】エンドミル加工のポイント

上向き削りと下向き削り

❶上向き削りと下向き削りの使い分け

エンドミルを使用した加工では、エンドミルの回転方向と送り方向の組み合わせにより、2つの加工方式にわけられます。図3-30（a）はエンドミルの回転方向と工作物の送り方向（移動方向）が向き合って行う加工を示し、このような切削を「上向き削り（アップカット）」といいます。一方、図3-30（b）はエンドミルの回転方向と工作物の送り方向（移動方向）が同じ方向に向かって行う加工を示し、このような切削を「下向き削り（ダウンカット）」といいます。上向き削りと下向き削りは切削特性が異なるため、その切削特性を理解して、適宜使い分けることが大切です。

❷生産現場では通常下向き削りを採用

図3-31に、上向き削りと下向き削りの切削点の拡大図と切りくずの展開図をそれぞれ示します。図に示すように、上向き削りはエンドミルの回転によって工作物をすくい上げるような加工で、外周刃が仕上げ面から削りはじめ、工作物またはエンドミルの移動量に比例して切取り量が増加する加工です。切取り量に注目すると、上向き削りは切取り量がゼロからはじまり、工作物の抜け際で最大になります。上向き削りでは外周刃が工作物に食い込む瞬間、切取り量がゼロであるため、外周刃の逃げ面が仕上げ面に擦れる（上滑りが生じる）ことになり、外周刃の逃げ面が摩擦によって異常摩耗し、短命になります。

一方、下向き削りはエンドミルの回転によって工作物を掘り下げる加工で、外周刃が工作物の表面から削りはじめ、工作物またはエンドミルの移動量に比例して切取り量が減少する加工です。切取り量に注目すると、下向き削りは切取り量が最大値からはじまり、工作物の抜け際でゼロになります。

下向き削りでは外周刃が工作物に食い込む瞬間、切取り量が最大になるので、外周刃は確実に工作物に食い込みます。このため、下向き削りでは上向き削りのように外周刃の逃げ面が異常摩耗することはありません。ただし、黒皮が付いた工作物や表面が硬い材料を削る場合には、下向き削りでは外周刃が材料の硬い表面から衝突するためチッピングや欠けが生じることがあります。

生産現場では工具寿命を長くするため、通常下向き削りを採用しています。

第3章 これだけは知っておきたい実作業と加工時のポイント

図 3-30 | 上向き削りと下向き削り

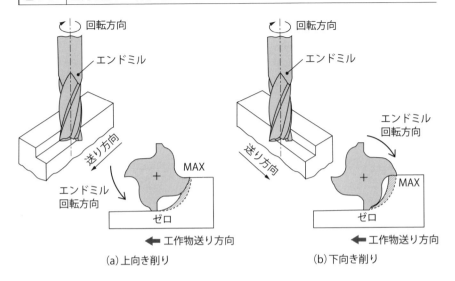

図 3-31 | 上向き削りと下向き削りの切削点の拡大図と切りくずの展開図

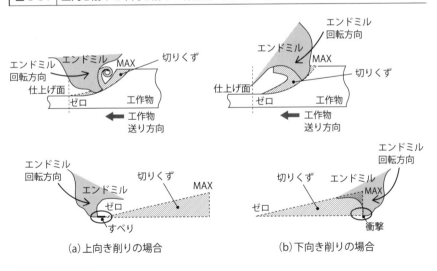

要点 / ノート

下向き削りは切削抵抗がエンドミルを工作物から遠ざける方向に作用するため、びびりが発生しない限り、削りすぎにはなりません。上向き削りは径方向の切込み深さを調整すると、削り残しも削りすぎも生じないようにすることができます。

141

5 エンドミル加工のポイント

たわみとびびりの抑制

❶「たわみ」は厳禁

エンドミルは細くて、長く、剛性が弱い（変形しやすい）ため、切削時に切削抵抗（工作物から切削工具に働く力、工作物が切削工具を押し返す力）によってたわみます。切削時にエンドミルがたわむと、加工精度が悪くなり、びびりの原因にもなります。このため、エンドミル加工では、たわまないようにしなければいけません。

図3-32に、エンドミルの突き出し長さLとたわみ量δの関係を模式的に示します。図に示すように、エンドミルはホルダでシャンクを保持する片持ち支持であるため、突き出し長さL（保持部からの長さ）が長くなるほどたわみやすくなります。一方、エンドミルの外径を大きくして太くすることにより、たわみにくくなります。切削抵抗Fがエンドミルの刃先にのみに一方向から作用すると仮定すると、エンドミルのたわみ量は式⑦で求めることができます（図3-33）。実際の切削では、エンドミルの刃先のみに切削抵抗が作用することはありませんが、このようなモデルを考えることにより、エンドミルの外径と突き出し長さが異なる場合の切削抵抗とたわみ量の関係を把握できるようになります。

❷「太く、短く」が原則

エンドミルのたわみ量δは式⑦からわかるように、突き出し長さLの3条に比例し、外径の4条に反比例することがわかります。たとえば、バイトの突き出し長さLを1/2に短くすれば、たわみ量δは1/8になります。また、外径Dを2倍にすれば、たわみ量δは1/16に激減します。つまり、エンドミルの突き出し長さLは実作業で不都合がない範囲で短くし、外径は太いものを選択するのが良いでしょう。エンドミルは「太く（外径を大きく）、短く（突き出し長さを短く）」が原則です。また、式⑦からわかるように、エンドミルのたわみ量δはヤング率（縦弾性係数）にも反比例します。ヤング率（縦弾性係数）とは、材料固有の値で、変形のしにくさを示す指標です。つまり、ヤング率（縦弾性係数）の値が大きい材質ほど変形しにくく、値が小さい材質ほど変形しやすいといえます。このことから、ヤング率（縦弾性係数）の大きい材質のエンドミ

142

第3章 これだけは知っておきたい実作業と加工時のポイント

図 3-32 | 突き出し長さLとたわみ量δの関係

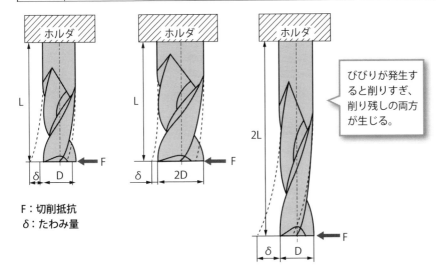

F：切削抵抗
δ：たわみ量

びびりが発生すると削りすぎ、削り残しの両方が生じる。

図 3-33 | たわみを求める計算式

$$\delta = \frac{64 \times F \times L^3}{3 \times \pi \times D^4 \times E} \quad \cdots ⑦$$

δ：たわみ量（mm）
F：切削抵抗（N）
L：突き出し長さ（mm）
E：ヤング率（Mpa または N/mm²）
D：エンドミルの外径（mm）

ルを用いることにより、エンドミルのたわみ量δを抑制することができます。具体的には、高速度工具鋼（ハイス）のヤング率は約210Gpaに対し、超硬合金のヤング率は約620Gpaで、高速度工具鋼の約3倍です。すなわち、エンドミルの材質を、高速度工具鋼から超硬合金に代えることで、エンドミルのたわみ量δは1/3になります。小径のエンドミルや突き出し長さLが長くなるような切削環境では、エンドミルのたわみを抑制する手段として、高速度工具鋼製から超硬合金製に代えることが有効といえます。

> **要点｜ノート**
> エンドミルをコレットで掴む位置は溝の終端から3mm程度が良いでしょう。エンドミルの突き出し長さを短くするために溝を掴んではいけません。把握力が弱くなり、びびりの原因になります。またコレットの内側にキズがつきます。

【6 ドリル加工のポイント

入口バリと出口バリ

❶入口バリの発生メカニズムと対策

　図3-34に、穴の入口に発生するバリの発生メカニズムを示します。図に示すように、穴の入口に発生するバリはドリルが工作物の表面に浸入する際（切れ刃が工作物表面を削る瞬間）、切削力によって一部の工作物表面がドリルの径方向に流動し、盛り上がることによって生じます。つまり、穴の入口に発生するバリの大きさはドリルが工作物に浸入する1回目の切削によって決まるため、切削力を小さくすることによってバリを抑制することができます。切削力を小さくするためには、①送り量を小さくすること、②ねじれ角（すくい角）の大きなドリルを使用すること、③ドリルの回転振れを小さくし、切削量の変動を抑えることなどがあげられます。

❷出口バリの発生メカニズムの対策

　図3-35に、穴の出口に発生するバリの発生メカニズムを示します。図に示すように、ドリルが工作物を削るときにはドリルから工作物に対して切削力が作用します。穴の出口付近では、ドリルの切れ刃外周部が工作物を削り取る部分が薄くなります。このため、切削力に対して工作物の強度が弱くなるため、工作物は削られず穴の外に押し出されるように倒れてしまいます。これが穴の出口のバリの正体です。したがって、穴の出口に発生するバリは強度が小さく、延性の大きい（粘り強い）低炭素鋼やアルミニウム合金、ステンレス鋼で発生しやすくなります。ドリルを使用して貫通穴を加工する際、ドリルの抜け際で、蓋（ふた）のような薄い円状のものが削られずに押し出される現象も工作物が切削力によって変形したことによるものです。

　穴の出口にバリ発生を抑制するためには、切削力を小さくする方法と工作物の強度を高くする方法の2つの方法が考えられます。①切削力を小さくする方法には、切れ刃の切れ味を高くすることが有効であるため、ねじれ角（すくい角）の大きなドリルを使うこと、切れ刃のホーニングを小さくすること、ドリルが貫通する1mm程度手前から送り量を小さくすることなどがあります。

　②工作物の強度を高くする方法には、あらかじめ穴の出口に面取りを施すことが有効です。面取りを施すことにより穴の出口部分の工作物を削る形状の強

144

度が高くすることができます。穴の出口バリは切削力と穴の出口角部の強度、両者の関係によって発生することを覚えておくと良いでしょう。穴の出口バリの発生メカニズムを式で表すと**式⑧**のようになります（**図3-36**）。

図 3-34 | 入口バリの発生メカニズム

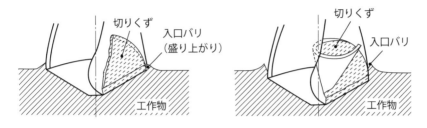

図 3-35 | 出口バリの発生メカニズム

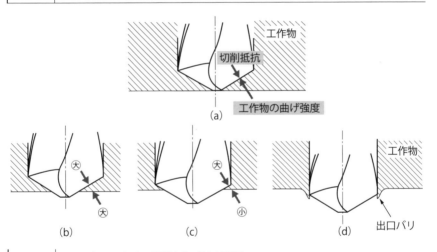

図 3-36 | ドリル加工における切削力とバリの関係

切削力＞穴の出口角部の強度＝バリ発生
切削力＜穴の出口角部の強度＝バリ抑制 …⑧

要点ノート

ドリル加工の出口バリは、ドリルが貫通する際に削り取られる部分が薄くなるため生じます。削り取られる部分の強度だけを考えると、ドリルの先端角が小さいほど強度が高くなるため、出口バリは発生しにくくなります。

6 ドリル加工のポイント

下穴角度と加工精度

❶歩行現象が生じると加工精度が悪くなる

　ドリルの中心は切削速度がゼロのため工作物に食い込みにくく、図3-37（a）のような下穴加工（前加工）がない場合には、ドリルが工作物に食い込まず工作物の表面で暴れます。このような現象を「歩行現象」と呼びます。歩行現象が生じると、穴の位置精度が悪くなり、穴が斜めになることや曲がることもあります。そこで、ドリルが工作物に食い込みやすくするためには下穴加工が必要になります。図3-37（b）のように、下穴の角度がドリルの先端角より大きい場合には、ドリルはチゼルエッジ（先端）から工作物に接触することになります。チゼルエッジは切れ刃がなく、切れ味が悪い反面、強度は高いため、切れ刃の欠けを防ぐことができます。また、穴の位置精度も高くなります。

　一方、図3-37（c）に示すように、下穴の角度がドリルの先端角より小さい場合、ドリルは外周コーナ（切れ刃）から工作物に接触することになります。外周コーナはすくい角が大きく、切れ味が良い反面、強度が弱いので切れ刃の欠けが生じやすくなります。しかし、外周コーナは切削速度が高く工作物に食い込みやすくなりドリルを拘束するため、ドリルの回転振れによる穴の拡大や

図 3-37 ｜ 下穴角度とドリル先端角の関係

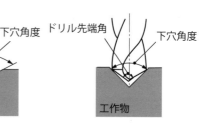

（a）下穴加工なし　　　（b）下穴角度＞ドリル先端角　　　（c）下穴角度＜ドリル先端角

曲がりを抑制し、穴の位置精度も高くなります。とくに小径のドリルでは剛性が低く、ドリルがたわみやすいため、ドリルを拘束させた方が良いので、下穴の角度をドリルの先端角より小さくした方が良いでしょう。ただし、ドリルの回転振れが小さく、両方の外周コーナが工作物に同時に接触する場合に限ります。回転振れが大きく、外周コーナが工作物に接触するタイミングが両刃でズレると、穴の拡大など加工精度の低下につながります。

❷目的によって下穴の角度を変える

以上をまとめると、切れ刃の欠け防止を優先させる場合には下穴の角度をドリルの先端角より大きくし、ドリルの回転振れによる穴の拡大や曲がりを抑制したい場合には下穴の角度をドリルの先端角より小さくすると良いでしょう（ただし、ドリルの回転振れが小さいとき）。下穴は安定した穴あけ加工を行うためには必須ですが、目的によって下穴の角度を変えることが大切です。

精度の高い穴あけ加工を行うためには図3-38のようにガイド穴をあけておくと良いでしょう。ガイド穴は本加工で使用するドリルの直径と同じか、または0.05mm程度大きいくらいが目安です。L/Dが10を超えるような深穴加工を行う場合には、ガイド穴の底付近まではドリルを停止または低回転で挿入し、ガイド穴の底部近くで切削に適正な回転数にします。

図 3-38 ｜ ガイド穴の重要性

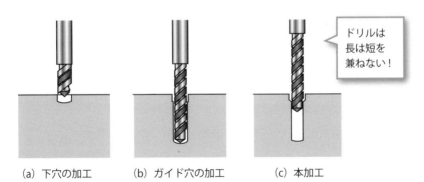

(a) 下穴の加工　　(b) ガイド穴の加工　　(c) 本加工

要点 ノート

ドリル加工はドリルの外周コーナ（またはマージン）が穴の中に入れば、ドリルは穴に拘束されるので挙動が安定します。ドリル加工はドリルの外周コーナが穴の中に入るまでが勝負といえます。

【7】タップ加工のポイント

タップ加工の特異性と
使い分ける切削タップの種類

❶タップ加工は失敗した際のリスクが大きい

　タップ加工は加工工程の終盤に行われることが多いため、失敗した際のリスクが大きい加工です。また、穴の中でタップが折れると、工作物に食い付いたタップを取り除くのは難しく、修復できたとしても多大な時間ロスが発生し、修復できなかった際には不適合品となり最初からつくり直すことになります。

　正面フライスやエンドミルの切削条件は回転数（切削速度）、送り速度、切込み深さの3つですが、タップの切削条件は回転数の1つだけです。送り速度はピッチに依存するため、作業者側で決めることはできません。また、タップは軸方向の加工なので、ドリルと同様に切込み深さという概念はありません。つまり、タップ加工は加工ミスした際のリスクが正面フライスやエンドミル、ドリルに比べて高い一方で、作業者が調整できる切削条件が回転数の1つだけという難しい加工です。このため、タップ加工はタップの選定がもっとも重要になります。

❷切削タップの種類

　タップには①切りくずを排出してねじ形状を加工する切削タップと、②切りくずを排出しないで（工作物を塑性変形させることにより）ねじ形状を加工する非切削タップの2種類に大別されます。日本工業規格（JIS）では用途や溝の構造などによって数種類のタップを規定していますが、生産現場で多用されている切削タップはハンドタップ、ポイントタップ、スパイラルタップの3種類です（図3-39）。切削タップには溝が設けられており、この溝が切れ刃の形成、切削点への切削油剤の供給、切りくずの排出を担っています。

①**ハンドタップ**：もっとも一般的なタップで、食付き部の山数によって3種類に分類されます。食付き部の山数が7〜10山のものを「先タップ」、食付き部の山数が3〜5山のものを「中タップ」、食付き部の山数が1〜3山のものを「上げタップ」といいます。ハンドタップは切りくずが粉状になり、排出される切りくずを溝に抱え込むため、止まり穴、通り穴どちらでも使用することができます。

②**ポイントタップ**：通常、溝が直線になっており、食付き部の切れ刃側の溝を

数山分だけ斜め（左ねじれ方向）に削り取り、切りくずを進行方向に押し出すように設計されたタップです。ポイントタップは溝が直線なので、スパイラルタップよりも心厚が太く、剛性が高いです。ポイントタップは切りくずを進行方向に押し出されるため、切れ刃が切りくずを噛み込む確率は低くなり、折れにくいのが利点です。ただし、工作物材質によっては切りくずが粉状になり、タップに張り付き、切れ刃が噛み込むことがあります。ポイントタップは切りくずを進行方向に押し出すため通り穴に適し、止まり穴には使用できません。ポイントタップはスパイラルタップやハンドタップに比べて、切削トルクが小さいことも特徴です。

③**スパイラルタップ**：溝がドリルのようにねじれており、切りくずが溝に沿ってシャンク方向に押し出される（進行方向と逆方向に流れる）ため止まり穴に適したタップです。とくに、流れ形の切りくずが発生する炭素鋼や合金鋼に適します。ただし、心厚が細く、切れ刃が溝を通る切りくずを噛み込みやすいため、折れやすいことが欠点です。また、長く伸びた切りくずがシャンクに巻き付きやすく、自動化を阻害する主因の1つになっています。なお、スパイラルタップは通常右ねじれですが、左ねじれのものもあり、左ねじれでは切りくずが進行方向へ排出するため止まり穴には使用できません。

図 3-39 タップの種類と切りくずの排出方向

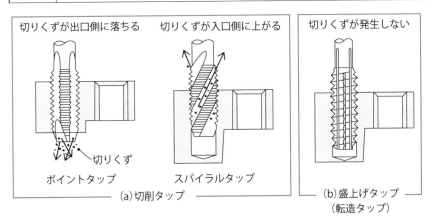

要点 ノート

止まり穴の場合、穴の底付近はタップの先端でしか加工できないため、不完全なねじ溝になります。食い付き部を短くすることで穴底の不完全ねじ部を短くできますが、タップが工作物に食い込む際、切削トルクが増大します。

【7 タップ加工のポイント

盛上げタップと下穴の管理

❶盛上げタップの利点と欠点

　タップには、①切りくずを排出してねじ形状を加工する切削タップと、②切りくずを排出しないで（工作物を塑性変形させることにより）ねじ形状を加工する非切削タップの2種類があり、非切削タップを「盛上げタップ」といいます。盛上げタップはタップのねじ山を工作物に押し付け、塑性変形させることによってねじ形状をつくります。このため適用できる工作物材質は、展延性の良好なアルミニウム合金や低炭素鋼、ステンレス鋼などに限られ、鋳鉄などには適しません。盛上げタップは止まり穴、通り穴どちらにも使用できます。

　盛上げタップは切りくずやバリを出ないことに加えて、切削タップに比べて、心厚が太く剛性が高いため折損の確率が低くなり、加工精度（ねじ精度）が高く、工具寿命が長い、加工後のねじが強い（塑性変形のため）という利点があります。一方、盛上げタップは切削トルクが大きいため、主軸のパワーが必要になること、工作物をフランク面に沿って両方向から押込んで、ねじ山をつくるため、**図3-40**に示すように、ねじ山の頂点はわずかに凹んだ形になること、工作物の塑性変形量と必要な引っ掛かり率によって下穴の管理を厳密に設定、加工しなければいけないことが欠点です。

❷塑性変形量を十分に考慮して下穴径を決める

　図3-41に、切削タップと盛上げタップの下穴とめねじの内径の関係について示します。切削タップでは下穴径がそのまま、めねじの内径になるため、めねじの内径を確認し、下穴径を決めればよいことになります。下穴径の目安は「めねじの呼び径（外径）からピッチを引いた値」といわれています。

　盛上げタップでは下穴径とめねじの内径は異なり、下穴径はめねじの内径よりも大きくしなければいけません。盛上げタップでは、下穴径が大きいと、タップの寿命は長くなりますが、引っ掛かり率が低くなります。一方、下穴径が小さいと、タップの寿命は短くなりますが、引っ掛かり率が高くなります。盛上げタップは塑性変形量が工作物の材質によって変わるため、塑性変形量を十分に考慮して、下穴径を決めることが大切です。盛上げタップの下穴径の目安は「めねじの呼び径（外径）から1/2ピッチを引いた値」といわれています。

150

第3章 これだけは知っておきたい実作業と加工時のポイント

図 3-40 | 切削タップと盛上げタップのねじ山形状の違い

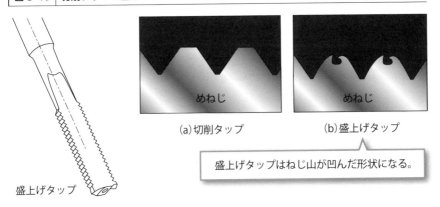

盛上げタップはねじ山が凹んだ形状になる。

図 3-41 | 切削タップと盛上げタップの下穴とめねじ内径

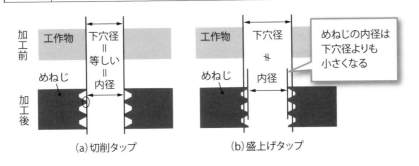

めねじの内径は下穴径よりも小さくなる

表 3-7 | 切削タップと盛上げタップの加工特性の比較

	項目	切削タップ	盛上げタップ
タップ	折損強度	×	○
	刃先強度	×	○
	切削トルク	○	×
使用条件	切削速度	×	○
	切りくず処理	×	○
	工作物の種類	○	×
	下穴径の管理	○	×

要点 ノート

タップ加工は極圧添加剤が豊富に入ったタッピングペースト、または油性切削油剤が推奨されますが、水溶性切削油剤を使用する際には多少希釈倍率を低くした（濃度を高くした）エマルジョンタイプが良いでしょう。

【7 タップ加工のポイント

同期サイクルと同期誤差

❶タップ加工は1回転に正確に1ピッチだけ加工する

　ねじは円柱の外周にらせん状の溝を付けた締結用の機械部品で、1回転する
ごとに1ピッチだけ前進します。「めねじ」を加工する切削工具をタップとい
い、タップ加工は1回転に正確に1ピッチだけ加工することがもっとも重要な
ポイントです。

　タップ加工は①主軸の回転と直線運動（Z軸、タップの送り運動）を同期さ
せて行う方式と、②主軸の回転と直線運動を非同期で行う（同期させないで行
う）方式があります。近年では同期させて行う方式が多用されており、リジッ
トタップ、シンクロタップといわれています（**図3-42**）。

①非同期方式でタップ加工を行う：たとえばタップが工作物を加工中に切削抵
抗によって主軸の回転速度が瞬間的に低下しても送り速度は追従して変化しな
い（主軸の回転と送り速度が非同期）ため、本来切削する箇所を切削しないま
まタップが進むため、ねじの溝が正しく加工できません。このような際には、
伸縮機能を備えたタップホルダを使用するのが効果的です。緩衝剤を内蔵し、
伸縮機能を備えたタップホルダを使用すると、この瞬間的な誤差をホルダで吸
収してくれます。

②同期方式でタップ加工を行う：主軸の回転と送り速度が同期するので、上記
のような不都合は生じません。タップ加工はタップが所定の深さに到達した
ら、逆回転をして工作物から抜きますが、タップは行き（加工時）と帰り（戻
し時）で完全に同じ経路を通らないといけません。

　もし、帰りの経路が行きの経路と少しでもズレると、タップがねじ山と干渉
し、ねじ山を潰すことになります。同期方式は理論上、主軸の回転と送り運動
は完全に同期することになっていますが、穴底では運動方向が反対方向に切り
替わるため、制御系の指令に対し機械運動は微妙に遅れます。タップ加工時の
制御系の指令に対して機械運動が遅れることを「同期誤差」といいます。

　同期誤差の影響をなくすためには、①と同様に、伸縮機能を備えたタップホ
ルダを使用するのが効果的です（**図3-43**）。このホルダはタップに余計な軸方
向の力が作用すると、その力を吸収し、ねじ山が潰れるのを抑制することがで

きます。このホルダはタップが切りくずを噛み込んだ際にも、切削抵抗を吸収する効果があるため、欠損防止にも有効です（図3-43）。同期方式で使用するタップホルダはシンクロタップ、同期式タップ、リジットタップ、ダイレクトタップなどの商品名で切削工具ホルダメーカから市販されています。同期誤差を小さくするにはパラメータ（時定数）を変更する方法もありますが、パラメータの変更はタップ加工以外の加工にも影響するので、検討される場合には製造メーカに問い合わせるのが良いでしょう。

❷タップ加工の切削速度とねじ山のむしれ

通常、切削速度は工作物の材質に合わせて設定しますが、タップ加工の場合、工作物の材質に合わせて切削速度を設定すると高速になるため、主軸の回転と送り運動の同期が難しくなります。換言すると、タップ加工で設定できる切削速度の最大値は主軸の回転と送り運動が同期できる値ということになります。切削速度が低いとタップの切れ味が悪くなるため、ねじ山にむしれが発生します。むしれが発生する際には極圧添加剤が豊富に入ったタッピングペーストや、塩素が入った切削油剤、通常よりも10倍程度濃くした切削油剤を使用するなどタップの切れ味を補うことが大切です。

| 図 3-42 | 回転と送りの同期 | 図 3-43 | タップホルダで同期誤差を吸収する |

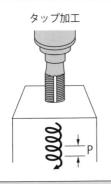

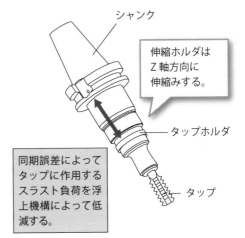

要点 ノート

同期方式では伸縮機能のないホルダ（ミーリングチャックやドリルチャックなど）を使用してタップ加工を行うこともできますが、同期誤差が生じたい場合、ねじ山を損傷したり、工具寿命が短くなります。

【8】 合金元素の含有割合

ミルシートの見方

❶合金元素の役割

　金属材料には、「鋼材検査証明書、材料検査証明書」といわれる製造実績値が記載された証明書があり、一般に「ミルシート」と呼ばれます（図3-44）。millは製造工場、sheetは証明書という意味で、「製造工場が発行する証明書」というのが名称の由来です。ミルシートには材料に含有する合金元素や、引張強さや曲げ強度などの機械的性質など、外観からはわからない情報が記載されています。ミルシートは私たちの健康診断書や履歴書のようなものです。

　ミルシートの見方にはいろいろありますが、含有する合金元素に注目した見方について解説します。通常、材料は含有する合金元素の種類が多いほど優れた性質をもちます。たとえば、炭素鋼にCr（クロム）を加えたものがクロム鋼で、耐摩耗性、焼入れ性が向上します。そして、クロム鋼にMo（モリブデン）を加えたものがクロムモリブデン鋼でさらに焼入れ性が向上し、高温下でも強度が低下しにくい性質になります（表3-8）。合金元素は料理に使用する調味料（カレー粉に含まれるスパイス）のようなもので、調味料（スパイス）の種類が多いほど美味しくなるのと同じです。

❷性質を劣化させる有害なもの

　合金元素の中で材料の性質を劣化させる有害なものが2種類あり、その元素がリン：Pと硫黄：Sです。リンと硫黄は鉄鋼を脆くする性質があり、強度の観点からすると、リンと硫黄の含有量は少ない方が良いといえます。しかし、加工する観点からすると、材料の強度は弱い方が削りやすくなるため、リンと硫黄の含有量は多い方が良いといえます。つまり、機械的性質など機能的性質が同じ場合には、リンと硫黄の含有量が多い材料を選ぶことによって加工の負担が減り、加工時間や切削工具の摩耗を抑制することができ、加工コストを低減できるということです。

　ミルシートは購入する材料メーカに依頼すれば入手できるので、自分が加工する材料にどのような合金元素が入っているのか、どのような性質なのか、確認することが大切です。材料も人も種類（見た目）で判断せず、中身で見極めることが大切です。

154

第3章　これだけは知っておきたい実作業と加工時のポイント

図 3-44 鋼材検査証明書（材料検査証明書、ミルシート）

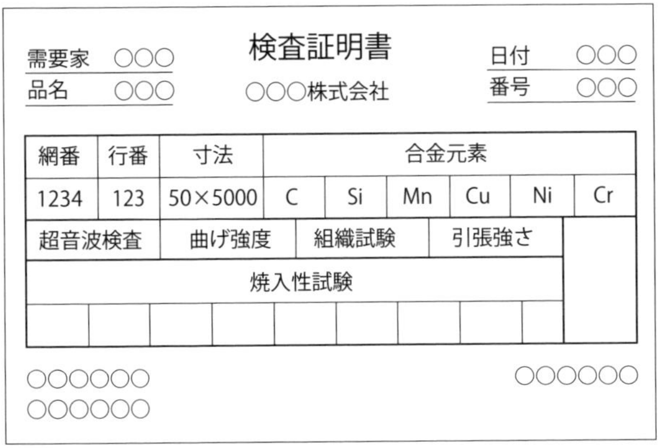

検査証明書

| 需要家 | ○○○ | | ○○○株式会社 | 日付 | ○○○ |
| 品名 | ○○○ | | | 番号 | ○○○ |

網番	行番	寸法	合金元素					
1234	123	50×5000	C	Si	Mn	Cu	Ni	Cr

超音波検査	曲げ強度	組織試験	引張強さ
焼入性試験			

○○○○○○　　　　　　　　　　○○○○○○
○○○○○○

表 3-8 5元素および合金元素の働き

炭素（C）	含有量が多いほど、硬さは向上する一方、引張強さは低くなる（脆くなる）。含有量が0.6%以上では、焼入れ硬さは変わらない（高くならない）。
けい素（Si）	焼入れ性、耐酸化性、耐食性が向上する。添加量が多くなると脆くなる。
マンガン（Mn）	組織を緻密化し、硬さを向上する。焼入れ性が高くなる。
クロム（Cr）	焼入れ性が向上する。耐摩耗性が向上する。含有量が多くなると、耐食性、耐熱性が向上する。
モリブデン（Mo）	タングステン（W）の1/2の量で同等の効果が得られる。
タングステン（W）	600℃までの高温硬さを増す。耐摩耗性が向上する。
バナジウム（V）	モリブデン（Mo）、タングステンと同様に、硬さと引張強さが向上する。
コバルト（Co）	ニッケル（Ni）と同様の効果を有し、粘り強さ、耐食性、耐熱性が向上する。
ニッケル（Ni）	粘さが向上する。添加量が増えれば、耐熱性が高くなる。
リン（P）	衝撃抵抗を低下させる。
硫黄（S）	マンガン（Mn）、モリブデン（Mo）と結合して被削性、研磨性を良くする。粘り強さ（靭性）が低くなる。
銅（Cu）	大気中での耐食性が向上する。

要点　ノート

鉄鋼の5元素は炭素（C）、ケイ素（Si）、マンガン（Mn）、リン（P）、硫黄（S）で、含有割合と含有量によって性能が変わります。炭素、ケイ素、マンガンはプラスの性能に働きますが、リンと硫黄はマイナスの性能に働きます。

【9】価値を生む切りくずの処理方法

切りくずを「クズ」ではなく、価値のある資産にする方法

❶切りくずを短く分断することが大切

　切削時に発生する切りくずは名前の通り、クズ（ゴミ）として扱われ、通常は産業廃棄物として処分されていることが多いと思います。回収された切りくず（金属クズ）は電気炉で溶かされ、新しい金属に産まれ変わります。このため、切りくずが大量に排出される工場では安い価格で買い取ってもらっている場合もありますが、切りくずを一定の条件に処理することで、買い取り価格を高くすることができます。

　切りくずを「クズ」ではなく、価値のある資産にするためには、まず、切りくずを細かく分断することです。マシニングセンタは切削工具が回転し、断続切削になるため、切りくずが細かくなるので問題はありません。旋盤加工は切削工具が回転しない連続切削になるため、切りくずが長く繋がりやすいですが、チップブレーカを利用して、切りくずを短く分断することが大切です（**図3-45**）。

　次に、切りくずに付着している切削油剤を落とすことです。切りくずの表面には切削油剤が付着しており、通常、切削直後の切りくずの重さの約20％は付着した切削油剤で、加工時間が長くなるほど切削油タンクの油量が減るのは

図 3-45 粉砕機による切りくずの細断

※切りくずを粉砕することにより容積を1/2～1/10に減らすことができ、搬送、保管コストを低減できる。また、圧縮機でペレット状にプレスすることにより、リサイクルしやすくなり、価値が生まれる。

切りくずによる持ち出しが原因です。切りくずに付着した切削油剤を落とす方法にはいくつかありますが、もっとも簡易的なものは「切りくずを集めて切削油剤が自重で落ちてくるのを回収する」方法です（図3-46）。このほか、切りくずをシュレッダのように粉砕し、粉砕した切りくずを遠心分離器にかけることで、付着した切削油剤を回収することができます。

❷切りくずから切削油剤を取り除く

切りくずに切削油剤が付着した状態では、切りくずの運搬中に切削油剤が滴下し、工場内を汚すこととにもなりますし、作業者が滑って転ぶことも考えられます。また、切りくずは一定量に達するまで工場敷地内の管理庫で保管されていることが多く、保管中、切りくずから切削油剤が滴下し、敷地外に漏れることも考えられます。切りくずから切削油剤を取り除くことは、生産現場を清潔・安全に保つためにも大切なことなのです。

切りくずから切削油剤を取り除いた後は、大人の拳（こぶし）程度の大きさの塊に切りくずをプレスします。この際、注意することはプレス圧を調整し、1m程度の高さから落としたときに割れる程度の硬さにすることです。硬くしすぎると、電気炉で溶けにくくなることや、単位体積あたりの質量が重くなり、運搬が困難になるためです。適度な硬さが良いということです。

図 3-46　トレイを使った切りくずの油切り

切りくずの乾燥

※水溶性切削油剤は切りくずとの付着性が高いため、切りくずによる切削油剤の持ち出しが課題となる。最近では切削油剤が付着したままの切りくずを投入すると自動的に分離、圧縮成形される装置も市販されている。

> **要点ノート**
> 切りくずの分断、脱油水、圧縮を適正に行うことで、切りくずは「クズ（ゴミ）」ではなく、価値ある資産に生まれ変わります。とくに資源に乏しい日本ではリサイクルの意識をもつことが大切です。

10 加工時間の見積り

加工時間の見積り①
エンドミル、ドリル、タップの加工時間

❶エンドミル加工の加工時間

　エンドミル加工では軸方向の切込み深さApと外径方向の切込み深さAeの2つがあります。この2つの切込み深さを掛けることにより、切削断面積Wを求めることができ、切削断面積Wに（エンドミルまたは工作物の）送り速度Fを掛けると、1分間あたりの切削体積（切削量）Qを求めることができます。そして、除去した個所の切削体積Mを1分間あたりの切削体積Qで割ることによって、おおよその加工時間を算出できます（図3-47）。

　たとえば、除去したい箇所の工作物の体積Mが10000mm^{3}で、軸方向の切込み深さAp = 10mm、外径方向の切込み深さAe = 5mm、送り速度100mm/minでエンドミル加工する際の加工時間は2分（min）と計算できます。溝加工を行う際の外径方向の切込み深さAeはエンドミルの外径になります。また、正面フライス加工でも外径方向の切込み深さを切削幅に置換することでこの計算方法を適用できます。この計算方法ではアプローチ量や逃げ量など（切削送り

図 3-47 | エンドミルを使用した肩削りの様子

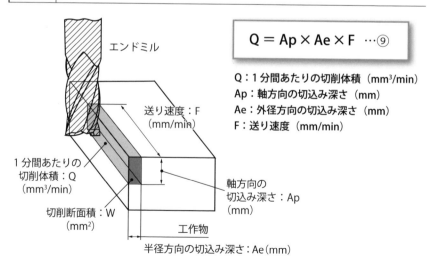

$$Q = Ap \times Ae \times F \quad \cdots ⑨$$

Q：1分間あたりの切削体積（mm^3/min）
Ap：軸方向の切込み深さ（mm）
Ae：外径方向の切込み深さ（mm）
F：送り速度（mm/min）

速度の範囲）は考慮していません。このため、実際の加工時間は上記の計算方法よりも長くなり、実加工時間との誤差が生じます。

❷ドリル加工の加工時間

ドリル加工の加工時間は穴の深さLを送り速度Fで割ることによっておおよその加工時間を算出できます。たとえば、穴深さL＝50mmを、外径D＝10mmのドリルで、ドリルの回転数Nが2000（min^{-1}）回転、ドリル1回転あたりの送り量f＝0.1mm/revで加工する際の加工時間を求めてみます（図3-48）。

ドリルの回転数Nが2000（min^{-1}）回転で、ドリル1回転あたりの送り量f＝0.1mm/revなので、送り速度は200（mm/min）になります。したがって、穴の深さL＝50mmをドリルの送り速度F＝200mm/minで割ると、穴あけに要する加工時間Tは0.25分（min）、秒に換算すると15秒（sec）と計算できます。同じ深さの穴を複数個あける場合には、穴1個あたりの加工時間Tに穴の数nを掛ければすべての穴あけを行うために必要な加工時間を計算することができます。この計算方法はアプローチ量や加減速（送る方向の反転による加減速）を考慮していないため、計算値は実際の加工時間と誤差が生じます。また、深穴加工でステップ送りを行った際には切削送り（加工時）と早送り（戻り時）が混在することから実際の加工時間との誤差がより大きくなります。

図 3-48 ｜ ドリル加工時間の算出

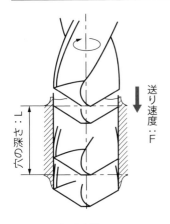

$$T = \frac{L}{F} \quad \cdots ⑩$$

T：加工時間（min）
L：穴の深さ（mm）
F：送り速度（mm/min）

※タップ加工はドリル加工の計算方法と同じ。

要点 ノート

現在では加工時間を計算するソフトが市販され、CAMや操作盤のアプリにも計算機能が付いていますので、実際に近い加工時間を知ることができます。本書の計算式は簡易的計算方法として知っておくと良いでしょう。

10 加工時間の見積り

加工時間の見積り②
正面フライスの加工時間

❶仕上げ加工の加工時間

　加工形状からおおよその加工時間を予測できれば、加工工程のスケジュール管理ができることに加え、加工終了時間を把握できることで就労管理もできる（残業になるか否かもわかる）ようになります。また、加工時間から概算の見積もりを計算できます。利益とコストを強く意識する企業のエンジニアにとって加工時間を考えることは大切です。

　正面フライス加工の加工時間はアプローチ量a、工作物の長さLw、逃げ量b、正面フライスの外径Dcを足した総切削長さLを送り速度Fで割れば計算できます（図3-49、3-50）。たとえば、幅Dw100mm、長さLw300mmの鋳鉄（FCD）の平面を、アプローチ量aと逃げ量bを5mmとし、外径Dc125mmの正面フライスで、送り速度F600mm/minとしてセンタカットした際の1パスあたりの加工時間Tは式⑪より、総切削長さL＝435mmを送り速度F＝600mm/minで割った0.725（min）、秒に換算すると43.5（sec：秒）と計算できます。複数パスで加工する際には1パスあたりの加工時間にパス数を掛ければ計算できます。

❷荒加工の加工時間

　図3-51に示すように、荒加工など正面フライスを工作物から完全に抜き切

図3-49 │ 仕上げ加工時の加工時間の考え方

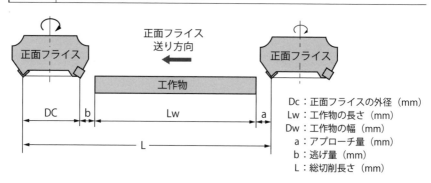

第3章 これだけは知っておきたい実作業と加工時のポイント

図 3-50 | 正面フライス加工の加工時間の求め方

$$T = \frac{(a)+(b)+(Lw)+(Dc)}{F} \cdots ⑪$$

$$= \frac{5+5+300+125}{600}$$

$$= \frac{435}{600} = 0.725 (min) = 43.5 (sec)$$

総切削長さ（L）

T：加工時間（min）
a：アプローチ量（mm）
b：逃げ量（mm）
Lw：工作物の長さ（mm）
Dc：正面フライスの外径（mm）
L：総切削長さ（mm）
F：送り速度（mm/min）

図 3-51 | 荒加工時の加工時間の考え方

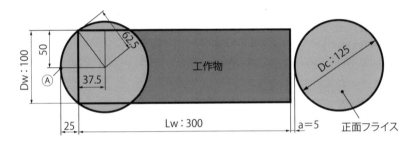

らずに、工作物の表面全面が削られた段階で加工を終了する場合には、三平方の定理または三角関数を使って総切削長さLを計算します。図3-51の例では、正面フライスが工作物の表面全面を削るのは、正面フライスのⒶ点が工作物から25mm抜けたときなので、総切削長さLはアプローチ量a＝5mm、工作物の長さLw＝300mm、Ⓐ点が工作物から抜けた長さ＝25mmを足した330mmになります。このため、1パスあたりの加工時間Tは総切削長さL330mmを送り速度F600m/minで割った、0.55分、秒に換算すると33秒になります。

ここで示した加工時間の計算方法と考え方は「基礎のきそ」です。実際の加工では、多種の切削工具を使用するため工具交換時間などMコードの起動停止時間、テーブルや主軸頭など駆動系の加減速による送り速度の指令値と実際

> **要点 ノート**
> 削り取る箇所の切削体積を1分間あたりの切削量（切込み深さ×切削幅×送り速度）で割ると切削時間を算出できます。ただし、この方法はアプローチ量や逃げ量などは勘案していないため、実加工時間との誤差が大きくなります。

値の差などが含まれるため、実際の加工時間は計算値よりも長くなります。

❸現場の数学

　加工現場ではちょっとした計算が必要なことは多々あり、未だ電卓が手放せません。また、図面が複雑になると交点の計算には数学的な知識も必要になってきます。直角三角形の角度の大きさと辺の長さには一定の決まりごとがあり、この関係を「三角比」といいます。**図3-52**に、直角三角形ABCを示します。図に示すように、直角（90°）部分をCとして右下に置き、その他の両端をA、Bとします。そして、辺BCの長さをa、辺ACの長さをb、辺ABの長さをcとすると、辺a、b、cには**式⑫**のような関係があり、この関係を「三平方の定理」といいます。

　また、Aの角度：αと各辺の長さa、b、cには**式⑬**、**⑭**、**⑮**のような関係があり、この関係を「三角関数」といいます。

　さらに、90°、45°、45°の直角三角形や90°、60°、30°の直角三角形は特別な三角形で、各辺の長さの割合（比）が決まっており、a、b、cの長さの割合はそれぞれ、$1:1:\sqrt{2}$と$\sqrt{3}:1:2$になります。

　一般的な電卓では三角関数の計算ができませんが、関数電卓では三角比（関数）の計算が可能です。作業服のポケットに関数電卓を忍ばせ、三角比（関数）の計算ができるようにしておくと良いでしょう。

図3-52 三平方の定理と三角関数

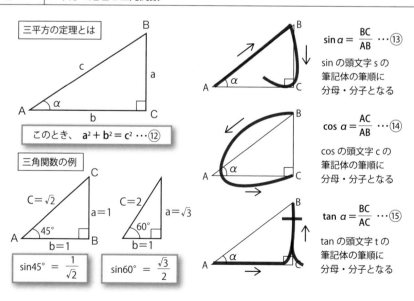

参考文献

1）「目で見てわかる ドリルの選び方・使い方」澤武一著、日刊工業新聞社（2016年）

2）「目で見てわかる エンドミルの選び方・使い方」澤武一著、日刊工業新聞社（2012年）

3）「トコトンやさしいマシニングセンタの本」澤武一著、日刊工業新聞社（2014年）

4）「トコトンやさしい切削工具の本」澤武一著、日刊工業新聞社（2015年）

5）「絵とき『フライス加工』基礎のきそ」澤武一著、日刊工業新聞社（2007年）

6）「ex' Mook46　現代からくり新書－工作機械の巻：マシニングセンタ編」日刊工業新聞社（1998年）

【索引】

数・英

5S	68
5軸マシニングセンタ	8、18
5面加工機	14
AC サーボモータ	22
APC	48
ATC	42
BT	56
CAPTO	56
DBB	35
ED（負荷時間率）	24
G コード	20
HSK	56
LM ガイド	28
M コード	20
NC プログラム	20
U 字パス	138

あ

上げタップ	148
アップカット	140
荒加工	132
一方向パス	138
入口バリ	144
インペラ	18
内段取り	66

上向き削り	102
エアスピンドル	22
エマルション	88
エンゲージ角	136
エンドミル	110
オイルスキマー	91
往復パス	138
押さえ金	94

か

カービックカップリング	46
回転テーブル	46
加加速度	40
加工硬化	85
加工能率	128
肩削り	130
ガントリークレーン	14
機械原点	96
機械座標系	96
きさげ加工	36
基準寸法	114
基準面	118
基底回転数	24
ギヤ油	82
切りくず	156
切込み角	108

切込み深さ	122	真直度	30
切取り厚さ	137	振動減衰性	28
コイル式	50	水溶性切削油剤	86
工具径補正	100	スクリュー	18
工具交換時間	42	スクレーパ	37
工具長補正	100	スティックモーション	34
剛性	28	ストレスパス	33
高速度工具鋼	106	スパイラルタップ	149
コラム	10	スプラッシュガード	10
コレットチャック	62	寸法公差	114
		切削タップ	150
さ		切削動力	126
サーボモータ	21	切削熱	84
最大許容寸法	114	接触駆動	26
最大切込み深さ	126	外段取り	66
最大高さ粗さ（Rz）	120		
サイドロックチャック	62	**た**	
サドル	10	ダイレクトドライブモータ	46
算術平均粗さ（Ra）	120	ダウンカット	140
仕上げ加工	132	タップ加工	86
仕上げ代	134	立て形マシニングセンタ	8、10
軸受油	82	ダブルコラム構造	33
下穴の角度	147	たわみ	142
下向き削り	102	暖気運転	78
締付ボルト	94	地耐力	54
弱ねじれ	111	チッピング	137
摺動油	82	チップ	128
主軸	9	チラー	52
象限突起	34	ツールプリセッタ	100
正面フライス	108	ツールポット	44
真円度	117	ツールホルダ	56
シングルコラム構造	33	出口バリ	144

ドイツ工業規格	58
ドリル加工	159
ドレン	75

な

内部給油方式	104
ならし運転	78
粘着等級	82

は

ハイドロチャック	62
ハインリッヒの法則	72
バックラッシュ	32
バリ	136
パレット	8
反転スパイク	34
非切削タップ	150
ピッチング	30
びびり	135
ヒヤリ・ハットの法則	72
表面粗さ	120
ビルトインモータ	22
不水溶性切削油剤	86
プッシュバー式	51
ブリッジ構造	33
ブローチ加工	86
ベアリング	28
平行台	94
ポイントタップ	149
防振溝	54
ボールねじ	26

ま

マシンバイス	92
マシン油	82
ミーリングチャック	62
右手の法則	16
ミルシート	154
めねじ	152
盛上げタップ	150
門形マシニングセンタ	8、14

や

焼きばめチャック	62
ヨーイング	30
横形マシニングセンタ	8、12

ら

リーマ加工	86
リニアモータ	26
ルブリケータ	76
レギュレータ	76
ロータリエンコーダ	38
ローリング	30
ロストモーション	80

わ

ワーク原点	97
ワーク座標系	97
ワインドアップ	32

著者略歴

澤 武一 (さわ たけかず)

芝浦工業大学 機械工学課程
基幹機械コース 教授
博士（工学）、ものづくりマイスター（DX）、
1級技能士（機械加工職種、機械保全職種）

2014年7月 厚生労働省ものづくりマイスター認定
2020年4月 芝浦工業大学 教授
専門分野：固定砥粒加工、臨床機械加工学、
　　　　　機械造形工学

著書
・今日からモノ知りシリーズ　トコトンやさしいNC旋盤の本
・今日からモノ知りシリーズ　トコトンやさしいマシニングセンタの本
・今日からモノ知りシリーズ　トコトンやさしい旋盤の本
・今日からモノ知りシリーズ　トコトンやさしい工作機械の本　第2版（共著）
・わかる！使える！機械加工入門
・わかる！使える！作業工具・取付具入門
・わかる！使える！マシニングセンタ入門
・目で見てわかる「使いこなす測定工具」─正しい使い方と点検・校正作業─
・目で見てわかるドリルの選び方・使い方
・目で見てわかるスローアウェイチップの選び方・使い方
・目で見てわかるエンドミルの選び方・使い方
・目で見てわかるミニ旋盤の使い方
・目で見てわかる研削盤作業
・目で見てわかるフライス盤作業
・目で見てわかる旋盤作業
・目で見てわかる機械現場のべからず集─研削盤作業編─
・目で見てわかる機械現場のべからず集 ─フライス盤作業編─
・目で見てわかる機械現場のべからず集─旋盤作業編─
・絵とき「旋盤加工」基礎のきそ
・絵とき「フライス加工」基礎のきそ
・絵とき　続・「旋盤加工」基礎のきそ
・基礎をしっかりマスター「ココからはじめる旋盤加工」
・目で見て合格　技能検定実技試験「普通旋盤作業2級」手順と解説
・目で見て合格　技能検定実技試験「普通旋盤作業3級」手順と解説
・カラー版 目で見てわかるドリルの選び方・使い方
・カラー版 目で見てわかるエンドミルの選び方・使い方
・カラー版 目で見てわかる切削チップの選び方・使い方
・カラー版 目で見てわかる測定工具の使い方・校正作業

……いずれも日刊工業新聞社発行

NDC 532

わかる！使える！マシニングセンタ入門
〈基礎知識〉〈段取り〉〈実作業〉

2017年12月25日　初版1刷発行　　　　　　　　定価はカバーに表示してあります。
2025年4月4日　初版12刷発行

ⓒ著者　　　　澤　武一
　発行者　　　井水　治博
　発行所　　　日刊工業新聞社　　〒103-8548 東京都中央区日本橋小網町14番1号
　　　　　　　書籍編集部　　　　電話 03-5644-7490
　　　　　　　販売・管理部　　　電話 03-5644-7403　FAX 03-5644-7400
　　　　　　　URL　　　　　　　https://pub.nikkan.co.jp/
　　　　　　　e-mail　　　　　　info_shuppan@nikkan.tech
　　　　　　　振替口座　　　　　00190-2-186076

　企画・編集　　エム編集事務所
　印刷・製本　　新日本印刷㈱

2017 Printed in Japan　　落丁・乱丁本はお取り替えいたします。
ISBN　978-4-526-07772-2　C3053
本書の無断複写は、著作権法上の例外を除き、禁じられています。